Richard Bisig

Klimawandel - Gereimtes und Ungereimtes

Aphorismen in Versform zu einem aktuellen Thema

Richard Bisig

Klimawandel - Gereimtes und Ungereimtes

Richard Bisig

Klimawandel - Gereimtes und Ungereimtes

Aphorismen* in Versform zu einem aktuellen Thema
Illustriert mit Karikaturen und Bildern

*Texte in *kursiv* werden am Schlus des Buches erklärt

Herstellung und Verlag: BoD – Books on Demand, Norderstedt.

Umschlagbild: Felix Schaad, Tages-Anzeiger, 13.8.2019

Grafik: Roman Mikhailiuk/ Shutterstock.com

Printied in Germany

ISBN 978-3-7494-4570-7

Für meine Frau Ruth,
die seit Jahrzehnten mit grosser Selbst-
verständlichkeit umweltbewusst
mit uns als Familie lebt.

Klimawandel

Heidi Gisler (xarto.com)

Die Erderwärmung ist auf Eins Komma Fünf Grad zu limitieren
Unser Leben auf dieser Erde wird davon enorm profitieren.

Treibhausgas-Ziele sind Netto-Null-Emissionen
Danken werden es die künftigen Generationen.

Unser Wetter prägen Starkniederschläge
Derweil im Urwald dröhnt die Ketten-Säge.

w.r.wagner/pixelio.de

Der Klimawandel macht uns Menschen auch krank
Allzuviele sitzen beim Arzt auf der Wartebank
Warten auf einen Platz in der Psychiatrie
Ist die Diagnose gar Schizophrenie?

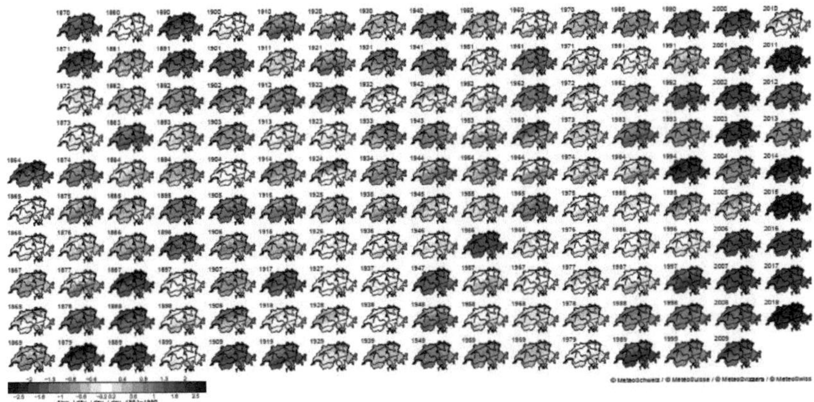

Daten und Grafik: Bundesamt für Meteorologie und Klimatologie MeteoSchweiz

Die Schweiz ist ein reiches Land mit Vorbildfunktion
Förderung der Erneuerbaren heisst die Mission.

Schäbig ist nach wie vor die Anschub-Subvention
Vergeudet wird williger Leute grosse Motivation.

Karl-Heinz Laube/pixelio.de

Zunehmen wird die Zahl der *Überhitzungsstunden*
Kommen wir damit im Haus-Innern über die Runden?

Georg/pixelio.de

Die Dorschbestände in der Ostsee sind ganz niedrig
Die hohen Temperaturen belasten ganz widrig.

Martin Groeber/pixelio.de (Holzhaus auf Permafrostboden)

Liegt im Winter wenig Schnee
Ist *Albedo* des Klimawandels Protegé?

Felix Schaad, Tages-Anzeiger, 13.8.2019

Es tut sich etwas am Berg
Der Mensch ist lediglich ein Zwerg.

Jetzt wird auch noch unser Matterhorn gesperrt
Leben wir in einer Welt, die ist verzerrt?
Der Permafrost taut in immer höheren Lagen
Bergsteiger sollen ihrem Hobby entsagen?
Nur ein Beispiel ist jedoch das Matterhorn
Aus den Augen der Bergler liest sich der Zorn.
Ein Ausreissen einer Sicherungsstange hat es noch nie gegeben
Anzunehmen, die Welt bleibe so bestehen, ist zu verwegen.

Peter Freitag/pixelio.de

Macht es wie die umweltbewussten Alten
Verbringt Ferien in unseren Alpen

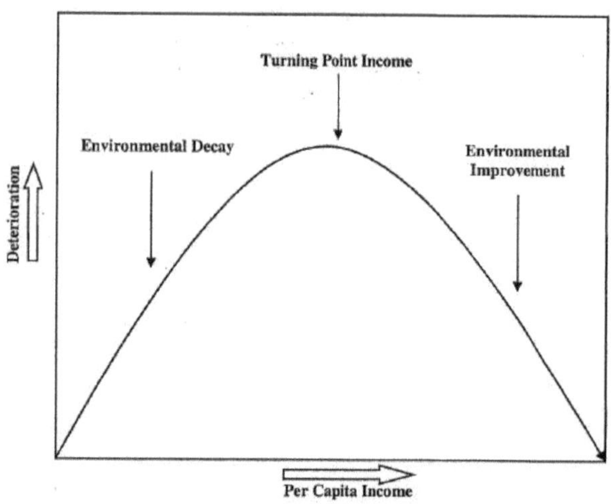

PERC

Die Glocken-*Kurve von Kusnets*
Ist für die Chinesen Gesetz.

Martin B./pixelio.de

Belastete Öko-Systeme können kippen
Betroffen sind weltumspannend auch die Meeres-Klippen
Mit der globalen Erwärmung steigt die Zahl der Starkniederschläge
Wir alle müssen uns arrangieren mit dem neuen Wettergepräge.

Die Böden sind gesättigt: Die angekündigten Regenschauer bergen die Gefahr von Hangrutschen. (Archivbild)
© Stefan Lanz/TeleM1

Konfrontiert sind wir heute vermehrt mit Hangrutschen
Derweil die Diesel-Verantwortlichen rundum pfuschen.

Treibhausgase

Maren Beßler/pixelio.de

Fluorierte Kältemittel haben Treibhauspotenzial
Schutz-Bestimmungen haben noch mächtig Spielraum national
Wie steht es mit den Kältemitteln international?

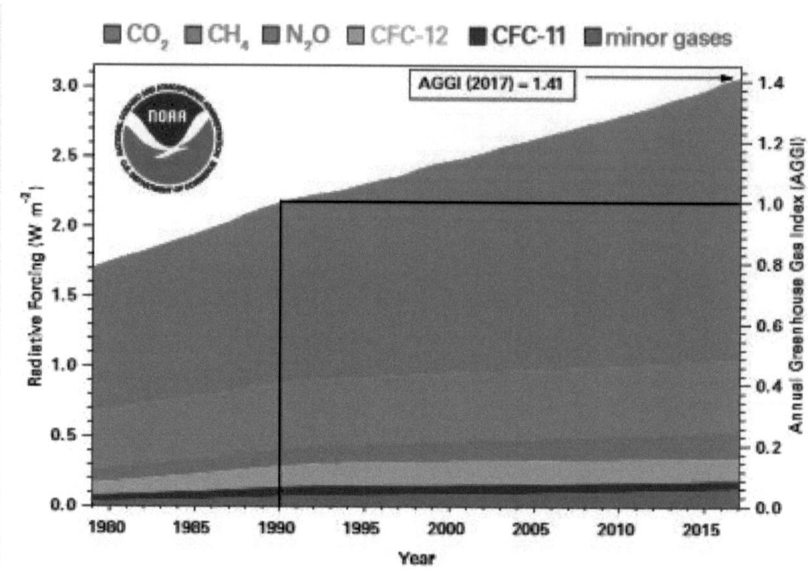

WHO Greenhouse Gs Bulletin No. 14 | 22 November 2018

Emissionen von Treibhausgasen rufen heftig nach einer Trendwende
Sonst nimmt der Temperaturanstieg unseres Planeten kein Ende.

Die Treibhausgase sind weltweit eine Last
Behandelt wird dieses Thema aber ohne Hast.

Politik

© 2018 Kanton Glarus

Debatiert wird intensiv an der Glarner Landsgemeinde
Dort wo jedä jedä kännt
Emotional wird es - gebt Acht auf eure Eingeweide
Eine Hexe wird bestimmt verbrännt.

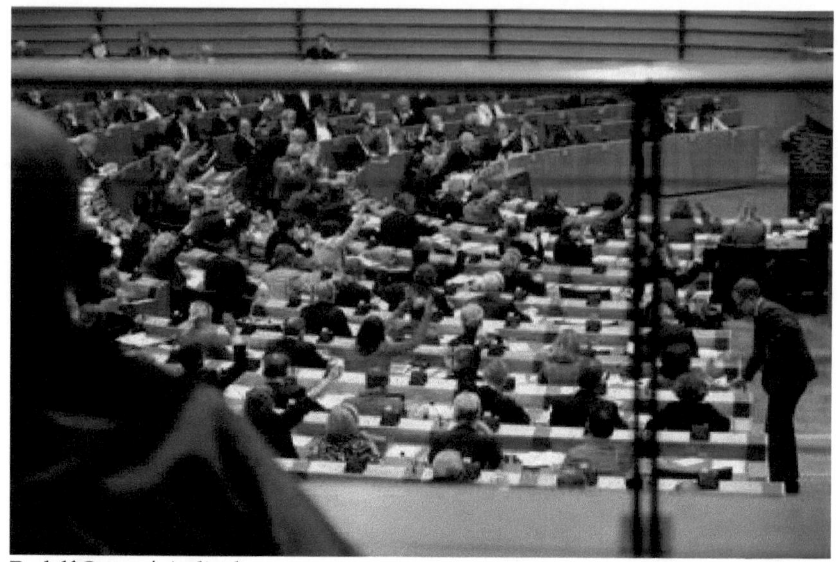

Rudolf Ortner/pixelio.de

Die Politik zeigt ein zögerliches Handeln
Anstatt die Ziele in Aktionen umzuwandeln.

Zwischenziele sind gesetzt bis zweitausendundzwanzig
Doch die Massnahmen geschehen leider nur halbbatzig

S. Hofschlaeger/pixelio.de

Auch wir Bürger haben unsere Klimapflichten
Die Staaten können es alleine bestimmt nicht richten.

Oceane

Peter Habereder/ pixelio.de

Die Oceane geraten aus dem Gleichgewicht
Unser schlechtes Gewissen verpasst uns ein Bleichgesicht.

Wir wollen keine überfluteten Küsten
Bis heute können wir uns gar nicht brüsten.

Das Kohlendioxid landet nicht nur in der Atmosphäre
Sondern auch in den Ozeanen, das ist das Prekäre.
Diese wärmen sich flächendeckend auf
Und es entstehen Orkane zuhauf.

Treibstoffe

Werden die Fossilen endlich teurer?
Das Warten wird immer ungeheurer.

Der Treibhausgas-Ausstoss ist zu senken
Den Fossil-Firmen ist nichts zu schenken.

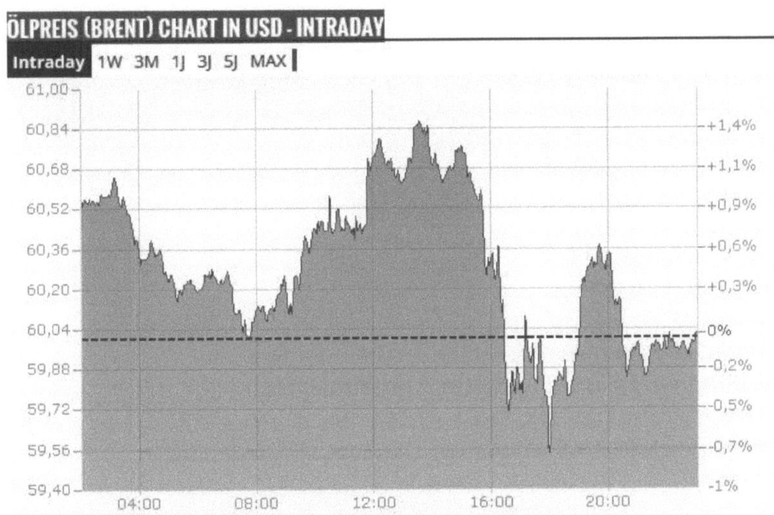

https://www.finanzen.ch/rohstoffe/oelpreis

Allzu viele sind verfallen dem Konsumrausch
Und fliegen rund um den Erdball nur zum Plausch.

Fliegen und shoppen
Sollte man stoppen.

sales@picture-alliance.com

Fliegen ist viel zu billig
Der Geldbeutel zu willig.

Des Teufels ist unsere Wohlstands-Bequemlichkeit
Sein Zwilling ist die unreflektierte Annehmlichkeit.

VORNE HUI- HINTEN PFUI / http://querfaden.ch

Verantwortlich ist auch die Zivilluftfahrtorganisation ICAO
Ihr Umweltengagement ist aber äusserst schwach, wie allerdünnster Kakao.

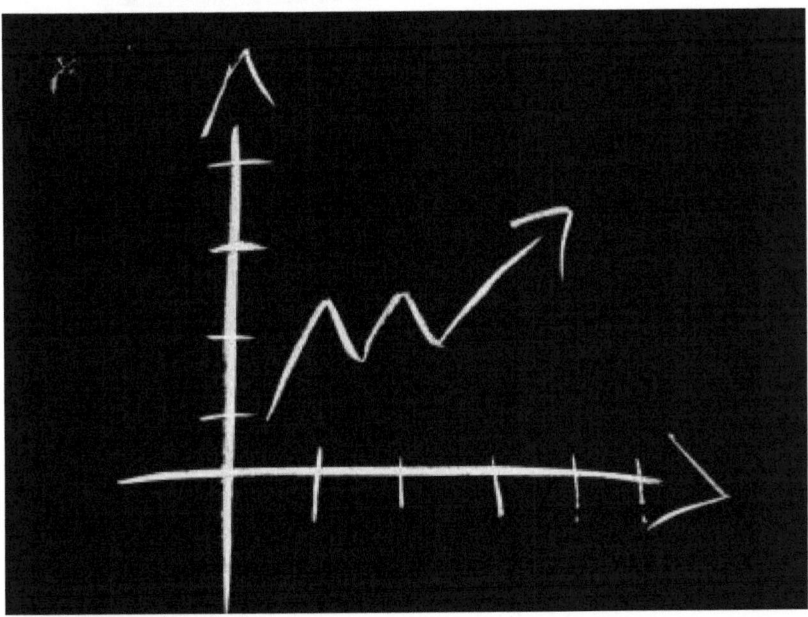

S. Hofschlaeger/pixelio.de

Die Passagierkilometer zeigen nach oben
Dies kann man unter gar keinen Umständen loben
Und die Klimaaktivisten im Chor gar toben.

In der Flugschneise setzt sich Kerosin auf unsere Terrasse
Das Fliegen demonstriert sehr unangenehm seine Ego-Klasse.

Klimakompensieren tut nicht weh
Vielflieger bleibst du ganz sicher eh.

GRUEN-WAESCHEREI / http://querfaden.ch

Tourismus

In der Fremdenverkehrs-Branche herrscht Zynismus
Umsatzorientiert setzen sie auf Welt-Tourismus.

Mountain Wilderness

Mancherorts wird aus unseren Bergen veranstaltet ein Disneyland
Mit Cliff Walks, Hängebrücken, Ice Flyer verscherbeln sie unser Alpenland.

Davos Klosters

Bedenklich hoch sind im Sommer die Ozon-Konzentrationen
Die vielen Sportler müssen eingestehen Leistungskonzessionen.

Unsere Verantwortung

Wie nimmt der Mensch seine Verantwortung wahr?
Mit dem Senken seiner Emissionen, ganz klar.

Denn wir sind auch direkt betroffen
Und begnügen uns nicht mit Hoffen.

Wie wollen wir unsere Klimaschutzpflichten abgelten?
Die Natur wird unsere Versäumnisse nicht vergelten.

Wer trägt denn die Schuld
An diesem Gletscherschwund?
Er ist menschgemacht
Deshalb gibt es Zwietracht.

Die Gletscherschmelze lässt ganze Länder im Meer versinken
Unser schlechtes Gewissen lässt uns beschämt hinterher hinken.

Während wir Reichen geizig unsere Moneten zählen
Können die Dritt-Welt-Armen ihre Sünden nicht wählen.

foehrwissenstransfer.de

Bist du dir keiner Schuld bewusst?
Hast du es denn gar nicht gewusst?

Klimageräte

Jumbo

Klimageräte kompensieren die Hitze
Wieso treiben wir Menschen es auf die Spitze?

Eine wahre Sünde ist der elektrische Heizpilz
Bilden Ölfirmen und Beizer nicht denselben Filz?
Kritiker werden verunglimpft mit ‚Mach doch kein Witz'.

Familienplanung

Überbevölkerung müssen wir vermeiden
In Drittweltländern Menschen Hunger leiden.

S. Hofschlaeger/pixelio.de

Ein Ausbau der Rechte der Frauen
Gibt dem Klimakampf zusätzliche Power
Dito für die Mädchenerziehung in Tieflohnländern
Und ebenso für die Frauen in seltsamen Gewändern.

Wenn aufgeklärte Frauen nutzen die freie Wahl
Entscheiden sie sich für eine tiefe Kinderzahl.

Ein Abbau von Gesundheitsbarrieren
Verhilft den Frauen auch zu Karrieren.

Trockenheit

Verena N./pixelio.de

Die Sommer sind zu trocken
Der Atem kommt ins Stocken.

Im Umweltbereich müssen wir einen Gang herunterschalten
Und unsere kostbaren Ressourcen besser verwalten
Ansonsten auch unsere Gemüter und Seelen erkalten.

Seht auch die grösseren Zusammenhänge
Und kämpft an gegen die auferlegten Zwänge.

Klimaleugner

Für diese grosse Landespartei
Ist Klima und Wetter einerlei.

Die Klimadebatte ist ihr schrill
Die Natur jedoch gar nicht mehr will.

Rudolpho Duba/pixelio.de

Sie können nicht umgehen mit Wahrscheinlichkeiten
Ihre Sicht strotzt nur so von Peinlichkeiten.

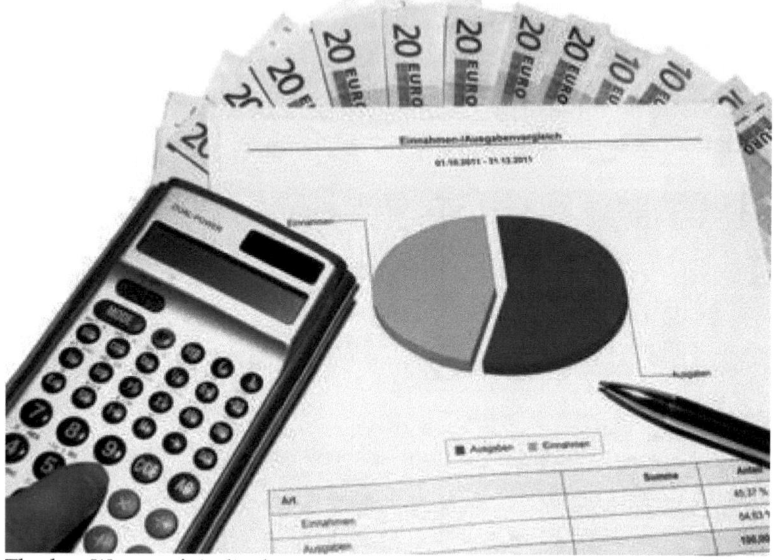

Thorben Wengert/pixelio.de

Irreführung ist ihre bösartige Strategie
Und kommt daher als teuflische Magie.

Pseudowissenschaftlicher Unsinn wird suggeriert
Dümmliche Polemiken verbreitet - ganz ungeniert.

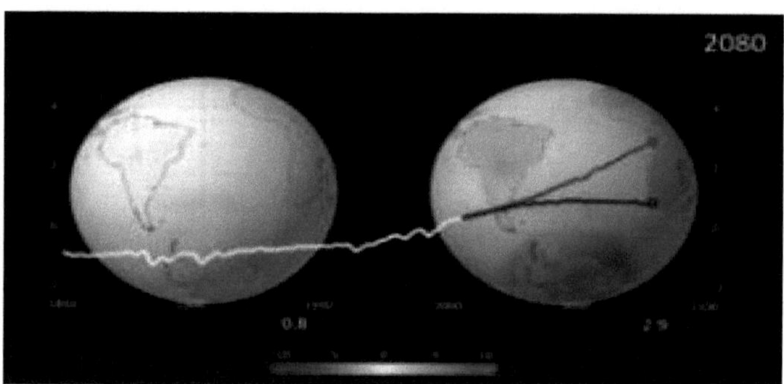

https://vimeo.com/sciencevisual/videos (Prof. R. Knutti, ETH Zürich)

Behauptung wird an Behauptung gereiht
Gibt es denn jemand, der dies verzeiht?

Susanne Jutzeler, suju-foto

Es sind die unerwünschten Migranten
Jammern des Präsidenten Trabanten.

©MSF/Ikram N'gadi - 2015

Die Zuwanderung ist doch die wahre Last
Und der Klimawandel verdient keine Hast.

Die Fremden, die nutzen all unsere Strassen
Und erzeugen das Dioxid über alle Massen.

Ist sie noch eine Landwirtschaftspartei?
Ist ihr die Landschaft nicht einerlei?

Den eigenen Biobauer stösst sie vor den Kopf
Und meint, dieser sei doch gar ein armer Tropf.

Doch Widerstand regt sich intern: ‚Wir haben es satt!'
Aber deren Präsi reagiert zurückhaltend und matt.

LIEBE 2 / http://querfaden.ch

Neueste Studien zeigen zweitausend Jahre Klimageschichte
Klimaleugner müssen nun verschieben ihre Lügengewichte.

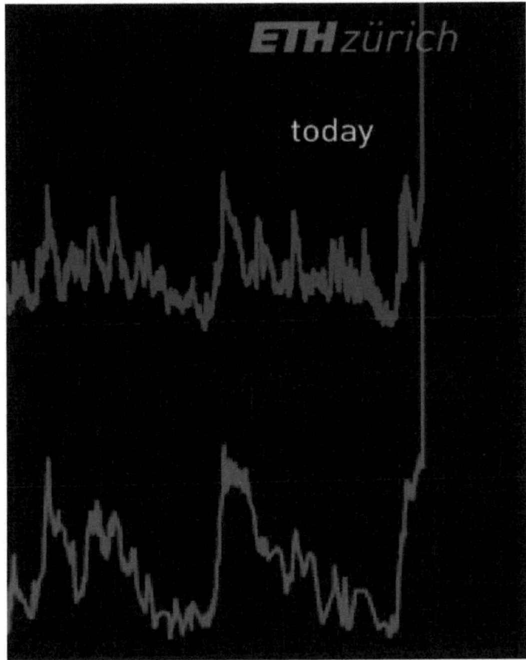

https://vimeo.com/sciencevisual/videos (Prof. R. Knutti, ETH Zürich)

Die vergangenen Hitze- und Kälteperioden waren nicht global
Sie alle müssen endlich akzeptieren: Es sind wir Menschen – ganz banal.

Auch die Sonne – was die Wissenschaft schon immer sagte - spielt keine Rolle
Klimaleugner, macht doch nun mit euren Argumenten eine Hechtrolle.

Die Ansichten wollen sie umpflügen
Und verstricken sich in böse Lügen.

w.r.wagner/pixelio.de

Sie lechzen emsig nach Autoritäten
Die Andersdenkenden sind Minoritäten.

Sie lauschen zwar mit weit offenen Ohren
Interpretieren aber wie die Toren.
Daten belegen es, der Klimawandel schwächt
Doch aufklärende Wissenschaftler sind geächt.

Gar Vieles wird von ihnen behauptet
Und wissenschaftliche Argumente enthauptet.

Sie streuen pseudowissenschaftlichen Unsinn
Ihre Thesen sind für gar niemand ein Gewinn.

Wer sind nun die Ökoterroristen?
Und wer sind denn die Pessimisten?

Was soll das dauernd grüne Gejammer?
Wir werden's richten, wie schon immer!

Und sie behaupten liberal zu denken
Wollen den Staat von uns gar wegschwenken.

Kein Schutz von Mensch und Natur vor der Klimafalle
Da rebelliert nun bei allen die Galle.

In Umweltfragen zeigen sie Minimalismus
Derweil verlieren Ihre Bauern ihren Humus.

S. Lazar

Der Humusabbau belastet die Atmosphäre
Warum denn dieses leidige Abgaben-Gekäre?

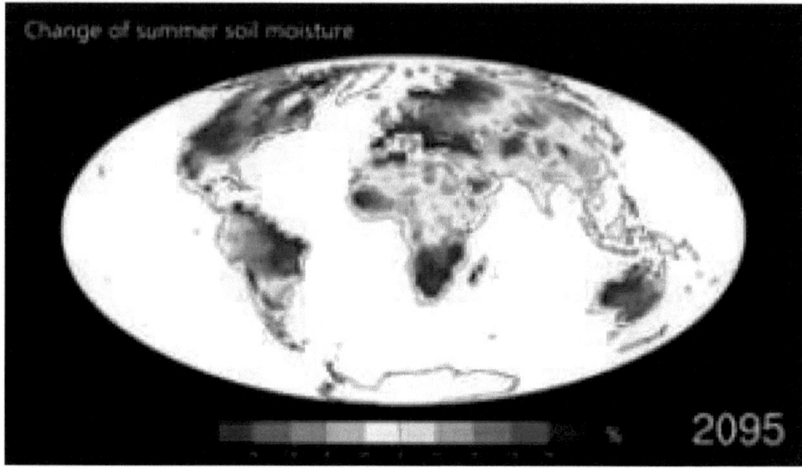

https://vimeo.com/sciencevisual/videos (Prof. R. Knutti, ETH Zürich)

Immer besser wird die *PV*-CO2-Bilanz
Diese Erkenntnis negieren Leute mit Hirnschranz
Und wollen uns schmackhaft machen mit grosser Propanz
Eine hohe Zahl von Atommeilern in Varianz.

CKW - Centralschweizerische Kraftwerke AG

Beim Bier, wild gestikulierend und schwitzend in der Dorfbeiz
Negieren sie den menschgemachten Klimawandel in der Schweiz
Mitten in ihren Gesichtern fehlen die dicken Stumpen
Mit ihrem lauten Gepolter lassen sie sich aber nicht lumpen.

Schreibzeug

Neueste Forschungsergebnisse sind robust
Die kleine Eiszeit war nur lokal
Für die Klimaleugner ein immenser Frust
Jetzt erhalten die Forscher den Pokal.

Tim Reckmann/pixelio.de

Auch die Klimaleugner müssen in sich gehen und sich abkühlen
Und vermehrt in wissenschaftlichen Publikationen wühlen.

Ihre Stärken sind nicht die Zahlen
Merken werden sie's bei den Wahlen.

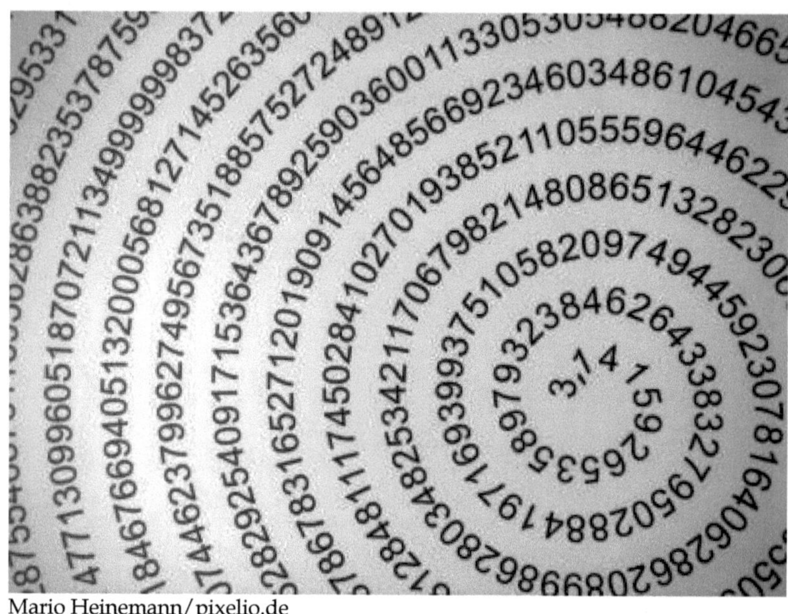

Mario Heinemann/pixelio.de

Haben wir nicht alle unsere Klimapflichten?
‚Nein, nein', schreien all die Klimaleugner, ‚mitnichten!'

Der gelbe Mann im Weissen Haus
Ist doch sehr eine kleine Maus
Er will keine Risiken schätzen
Lasst ihn doch weiterhin schwätzen.

https://www.google.ch/search?q=karikatur+Trump

Die USA legen sich im Klimaschutz quer
Und forcieren das Fracking mehr und mehr.

Von Mephisto ist dieser Chemiecocktail
Amerika, du fährst auf dem falschen Trail.

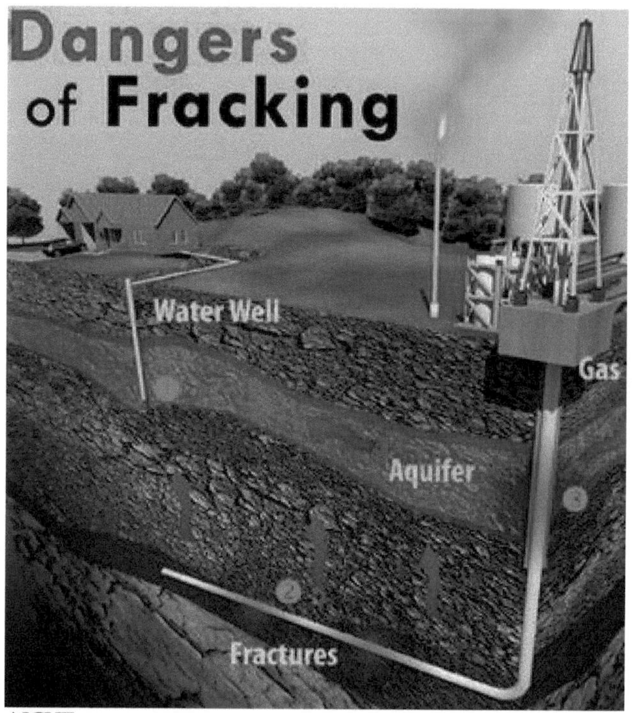

AICHE

Sind die Klimaleugner nicht ganz dumme Narren?
Fahrt ihnen mit Argumenten an den Karren.

Eine handelnde Politik macht alle zu Gewinner
Hört nicht auf diese ewiggestrigen Leugner, die Spinner.

Arktis / Antarktis

Den weissen Bären wird ihr Eis weggenommen
Und auch die Gletscher sind dort bald zerronnen.

Die Eisbohrkerne zeigen eindrücklich aus Grönland
Der Mensch als Verursacher liegt auf der Hand.

Gejubelt wird für die kurze, schnelle Nordostpassage
Für die Ökologen ist sie aber eine Blamage.

Alle wollen sich dort in beste Position bringen
Und um die freigemachten Bodenschätze ringen.

Dort tief aufzubohren gibt es mancherlei Gründe
Und jeder will sich sichern lukrative Pfründe.

Sind die dortigen Rohstoffe tatsächlich Reichtümer
Und nicht viel eher ökologische Irrtümer?

Photovoltaik one

In der West-Antarktis ist der Eisschild instabil
Denn die Temperaturen sind für ihn viel zu viel.

Foto von Miguel Garcia Muñoz

Der Meeresspiegel wird steigen und steigen
Derweil Megastädte zum Ertrinken neigen.

Janine Grimmig/pixelio.de

Islands weisse Giganten schmelzen – und auch der Firn
Wer gibt Gegensteuer und bietet engagiert die Stirn?

Atomfreie Schweiz

Wir wollen ein atomfreies Land
Und haben doch ein gutes Pfand.
Die Solarenergie macht es möglich
Seid doch endlich nicht so zögerlich.

Dieter Schütz/pixelio.de

Wann gehen sie endlich vom Netz?
Ach, die schlafen wie Meister Petz
kennen seit je gar keine Hetz.

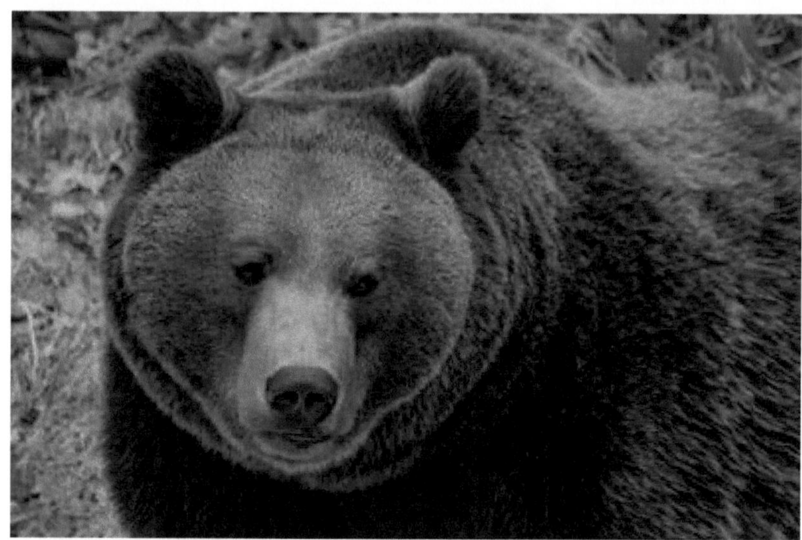
Daniel Zdziebko/pixelio.de

Macht ihnen schnelle Beine
Und denkt an meine Kleine.

Geht Klimaschutz ohne Strom
Aus dem Plutonium-Atom?

DIE ISOTOPE DES ELEMENTS PLUTONIUM

Isotop	Halbwertszeit
Pu-238	87,74 Jahre
Pu-239	24.110 Jahre
Pu-240	6.563 Jahre
Pu-241	14,35 Jahre
Pu-242	375.000 Jahre
Pu-244	80 Millionen Jahre

Budesamt für Strahlenschutz

Die Kernenergie wegen dem Klimawandel weltweit ausbauen?
Nein, erneuerbare Energien sind sicherer, darum abbauen.
Nein, erneuerbare Energien sind wirtschaftlich, darum abbauen.
Nein, erneuerbare Energien sind schnell baubar, darum abbauen.

RETTERWELLE / http://querfaden.ch

Haben wir die Lehren gezogen aus Fukushima?
Das wäre für die Erneuerbaren ja ganz prima.

Digital Globe - Earthquake and Tsunami damage-Dai Ichi Power Plant, Japan, CC BY-SA 3.0,

Es scheint aber als hätten wir vergessen den Super-Gau
Wer wird aus dem Verhalten der Atomlobby schlau?

Wollen wir diese Brückentechnologie?
Seit Fukushima sagen wir alle bestimmt: Nie!

Die Kernenergie ist ganz bedeutungslos
Die Befürworter fristen ein hartes Los.

Thommy Weiss/pixelio.de

Angesagt ist ein Atomausstieg
Abgesagt ist ein Atomzustieg.

Werden AKW bald fünfzig
Ist das Risiko auch zünftig.

Der Weiterbetrieb ist Satire
Sind denn das alles Vampire?

Wir finden eine Lösung für den atomaren Müll
Schreien die Atomlobbyisten mit lautem Gebrüll.

Sie negieren, dass Atom-Abfälle Ängste auslösen
Derweil manche AKW-Betreiber dahindösen.

AKW Mühleberg: Stilllegung Kernkraftwerk Mühleberg (öffentlich zugängliches Dokument)

Ein AKW ist technisch einfach aufzubauen
Erfahrungen fehlen, es wieder abzubauen.

Es steht an Mühlebergs geld- und zeitaufwändiger Rückbau
In ihrem Rückbau-Fonds gibt es das Gegenteil von Finanz-Stau.

Wir zwischenlagern in Würenlingen
Danach wird es bestimmt besser gelingen
Es muss sein ein Albtraum für den Leiter
Denn es ist ein Geschwür voller Eiter.

Angieconscious/pixelio.de

Atomkraftwerke als Klimaretter?
Die Endlagerung wird auch nicht netter.

Bald werden sie sein gänzlich ausser Betrieb
Dies ist epochal und gelang nicht auf Anhieb
Den Erneuerbaren gibt dies grossen Auftrieb
Den AKW-Betreibern ist dies gar nicht lieb.

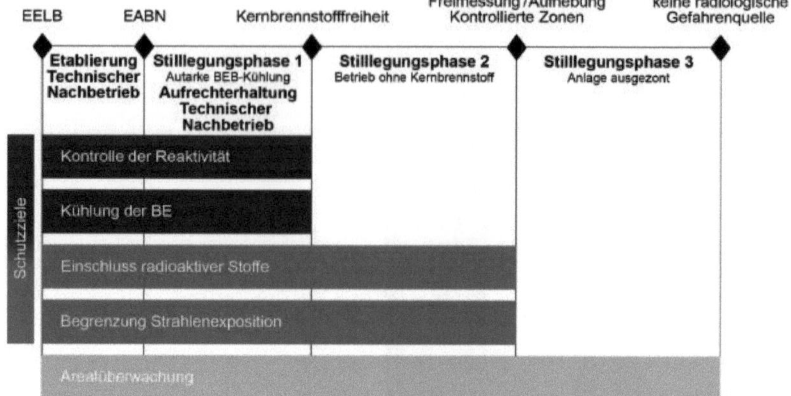

Abbildung 10-1: Schutzziele in den Stilllegungsphasen

AKW Mühleberg: Stilllegung Kernkraftwerk Mühleberg (öffentlich zugängliches Dokument)

Für neue AKW gibt es keine Investoren
Niemand will gehören zu finanziellen Toren.

Energiestrategie

Eine repräsentative Bevölkerungsumfrage
Bringt es in allen grossen Tageszeitungen zutage.
Eine grosse Mehrheit will die Strategie zwanzigfünfzig vom Bund
Und tut es engagiert mit erneuerbarem Strom allen kund.

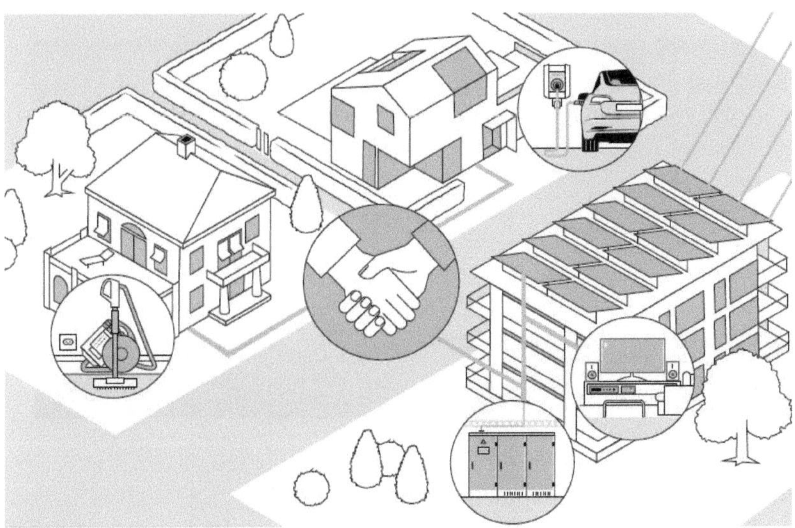

Solarspar

Unterstützen wir alle das Beznau-Manifest
Und verstehen dies auch als Massenprotest.

Weiterlaufen lassen ist keine Option
Die Sicherheit ist nur eine halbe Portion.

Kohle, Öl, Gas und die Kernkraft
Die sind schon seit langer Zeit ohne Saft
Die Sonne jedoch zeigt Warmkraft.

www.biologie-schule.de/sonnenenergie

Elektrothermische Energiespeicher haben Zukunft
Sie sind Solarenergie-Puffer und zeugen von Vernunft.

Von fossilen Treibstoffen sind wir seit eh Vielverbraucher
Und sind krank und süchtig wie die vielen Viel-Raucher.

Längstens angesagt ist die Dekarbonisierung
Die wirkt aber noch wie eine Dämonisierung.

Die ‚*Peak-Oil*'-Zeit naht viel schneller als erwartet
Die Öl-Manager reagieren entartet.

Rudolpho Duba/pixelio.de

Solarenergie

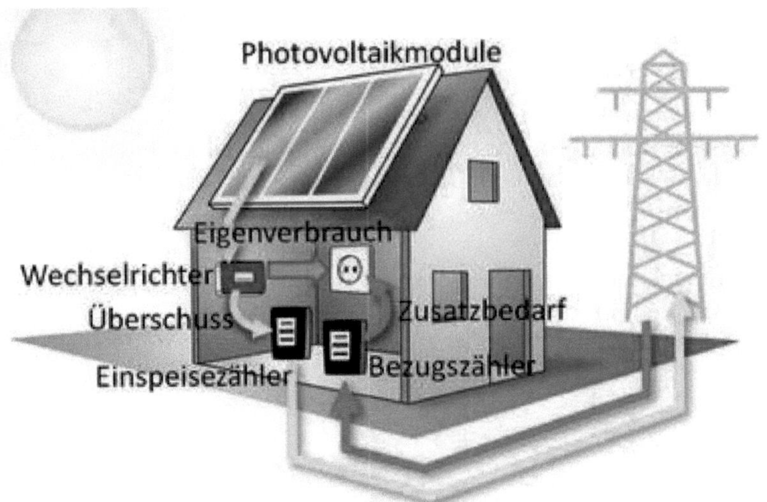

Regenerative Energie24

Erneuerbare haben eine hohe Ressourceneffizienz
Dies ist ganz bestimmt für alle eine nachahmenswerte Referenz.

Photovoltaik wird weiterhin diskriminiert
Die Behörden sind in ihrem Denken limitiert.

JEREMIA / http://querfaden.ch

Photovoltaik ist eine hervorragende Stromquelle Doch heute
steckt sie leider in einer allzu tiefen Delle Denn Sie wird von
der Politik zu wenig gefördert
In Bälde wird sie aber von der Strasse gefordert.

Effiziente Energieformen wirken dezentral
Das zu akzeptieren ist immer noch eine Leistung, ganz mental
Die Installation von Photovoltaik ist heute banal Sie wirkt für
Elektrizität und Wasser integral.

Gross ist die technologische Bandbreite
Solarzellen haben immense Weite.

Rainer Sturm/pixelio.de

Batterien kosten immer weniger Franken
Und lassen immer mehr Elektro-Autos tanken.

Georg Sander/pixelio.de

Das Warmwasser unserer Sonnenkollektoren nutzen wir schon seit Jahren
Bei PV-Anlagen missbilligen wir das Verzögerungs-Gebahren.

Bald ist das erste Elektro-Flugzeug zertifiziert
Und damit auch die Belastung der Luft minimiert.

Diese Technik mit eigenem Sonnen-Strom im Flügel
Hält auch gar manche der Flugrisiken im Zügel.

Die Ära der fossilen Treibstoffe ist vorbei
Unserem Klima ist dies überhaupt nicht einerlei.

Der Preisvorteil ist weltweit gewaltiger Ansporn
Und die ‚Fossilen' müssen zügeln ihren Zorn.

Windenergie

Die Erde dreht sich und erzeugt Wind
Das weiss ja überall jedes Schulkind.

Solarzellen geben Strom - Windfarmen rotieren
Erfreuliche Botschaft: Erneuerbare rentieren.

Rainer Sturm/pixelio.de

Wenn die Windturbinen surren
Alle Nachbarn sehr laut murren.

Ihr wollt aber auch nicht die Alternative
Die alte dampfende Kohle-Lokomotive.

Die Windenergie befindet sich auf hinteren Rängen
Denn sie unterliegt schweizweit vielfältigen Zwängen.

Sie produziert vor allem im Winter, das macht sie interessant
Dies wird bis heute jedoch von vielen leider immer noch verkannt.

Biogas

Vergärungsprozesse produzieren Methan
Als Treibhausgas ist es belastender Wahn.

Biogasanlagen produzieren guten Strom
Auch deshalb verzichten wir gern auf das Atom.

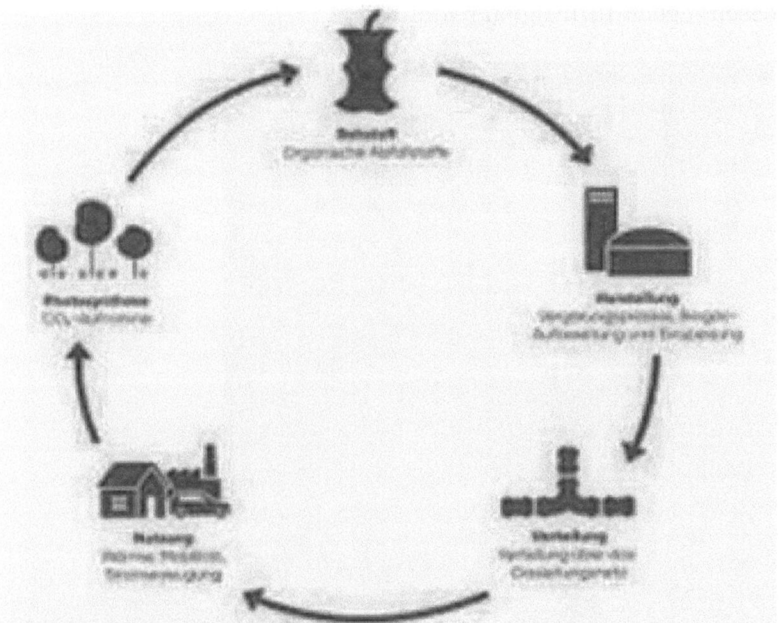

Verband der Schweizerischen Gasindustrie

Entstanden ist Biomasse durch Photosynthese
Die gewonnene Energie gleicht einer Antithese.

Biomasse ist eine *Energie-Brücke*
Und schafft uns eine willkommene Lücke.

Geothermie

Unsere Erde hat einen heissen Kern
Diese Hitze-Volumen hätten wir gern.

Wir können es nutzen zu jeder Stunde
Die Turbinen drehen Runde um Runde.

In der Waadt wird emsig gebaut kantonal
Mit grossem Leuchtturmsignal national.

Oliver Brunner/pixelio.de

Wärmepumpen

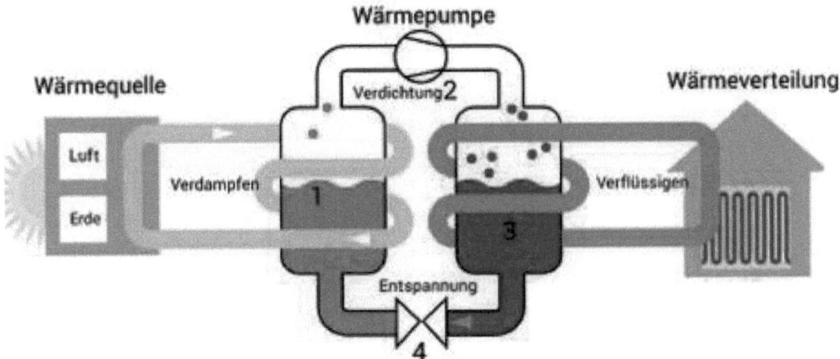

Schweizerische Akademie der Technischen Wissenschaften SATW

Fossile Klimaanlagen müssen wir verlassen
Und den Gebäuden Wärmepumpen jetzt verpassen.

Finanzierung der Erneuerbaren benötigt Schub
Umfassende Anschub-Finanzierung ist deshalb klug
Finanzverweigerung gibt es weitherum genug.

Gefragt sind auch Wärmepumpen
Staat, lass dich jetzt nicht lumpen.

Netz-Flexibilität

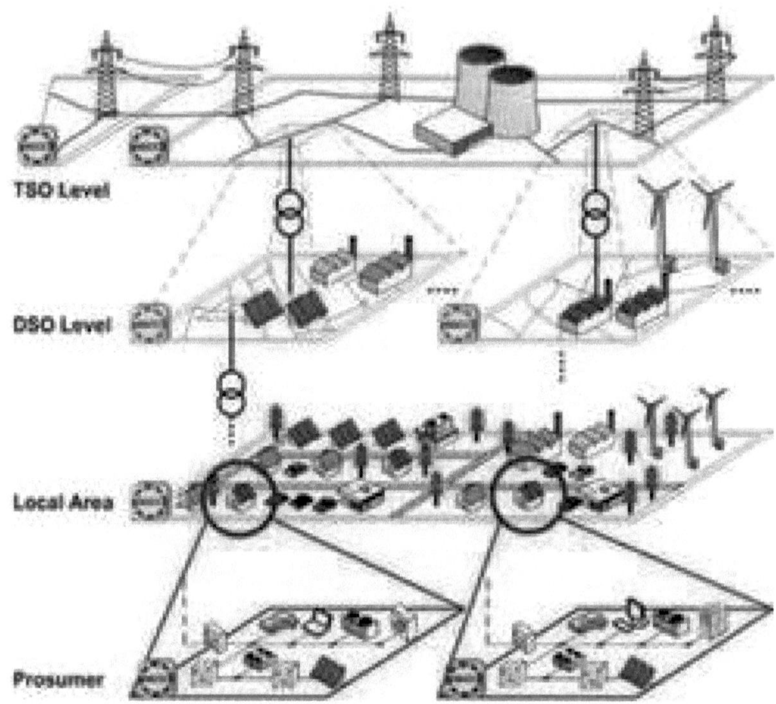

Fulminant ist die Elektrizitätslandschaft im Wandel
Wind- , Solarenergie und Geothermie sind im Handel.

Übertragung und Verteilung sind zentrale Fragen
Diese kommen tagtäglich und überall zum Tragen.

Der Ausbau der Erneuerbaren erfordert Netz-Flexibilität
Diese ist anzugehen mit engagierter Kontinuität.

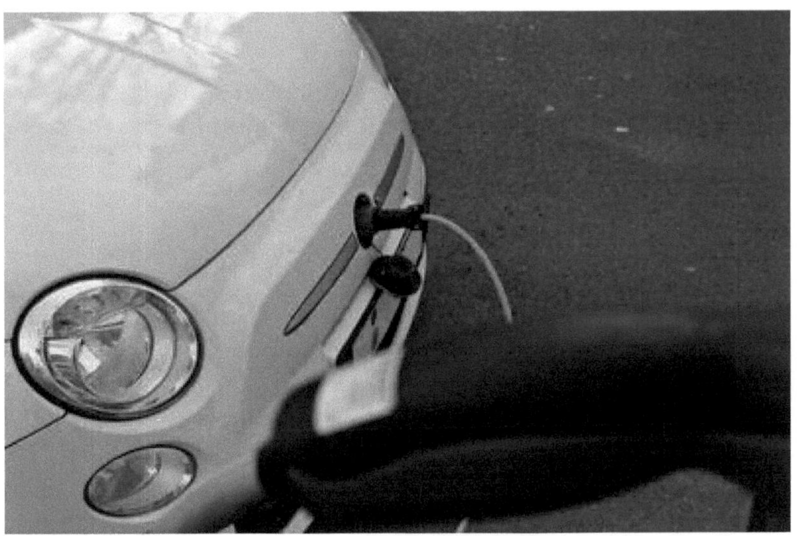

Jan Claus/pixelio.de

Wie decken wir in Zukunft die Spitzennachfrage?
Auch wenn sie sich nicht manifestiert alle Tage?

Decken wir sie mit komprimierter Luft?
Geschmolzenes Salz? Bleibt eine Kluft?

Die Entwicklung neuer Batterien ist rasant
Der Erfolg der Innovatoren wird sein markant.

Die Kosten für Energiespeicher fallen
Solar- und Wind-Energie wird dies gefallen.

Netzparität ist bereits überall etabliert schon heute
‚Weiter sinkende Preise!', jubeln die Batterie-Leute.

Die Batterie-Herstellkosten sinken
Deshalb höhere Umsätze winken.

Gebäude

Steigen wird der Kühlbedarf im Gebäudebereich
Und ändern wird damit bestimmt auch unser Wohlfühlreich.

Heizungen, die betrieben werden fossil
Davon gibt es heute leider noch viel zu viel
Die Erneuerbaren gehören in jeden Umbau
Und immer in jeden nachhaltigen Neubau.

Fabio Sommaruga/pixelio.de

Wir bauen nachhaltig ohne Komfortverlust
Und dies mit grosser ökologischer Lust
Für niemand gibt es weder Diskussion noch Frust.

Rainer Sturm/pixelio.de

Städtebau geht vermehrt zusammen mit der Mutter Natur
Damit wird bekämpft der Klimawandel in bester Kultur.

Das schnellwachsende Bambus ist druckfest wie Beton und dehnbar wie Stahl
Zur Absorption von CO2 ist es eine hervorragende Wahl.

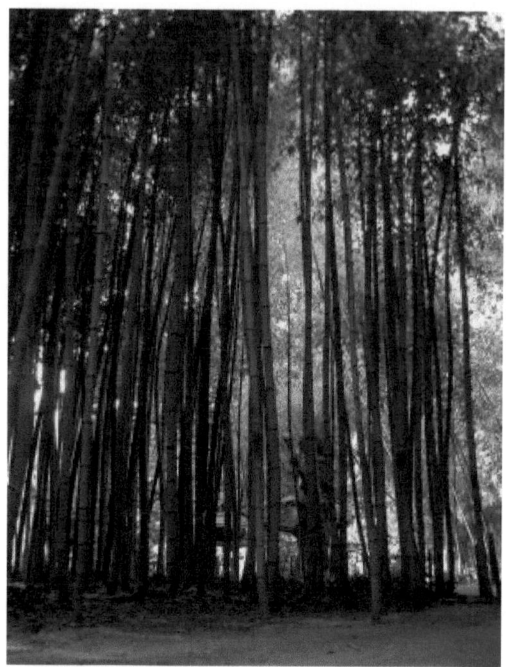
Edith Obrist/ pixelio.de

Mit intelligenten Thermostaten lässt sich Energie sparen
Und mithelfen, in vielen Gebäuden den Üeberblick zu wahren.

Stephan Poost / pixelio.de

Gefragt sind Zero-Null-Gebäude
Dies macht dem Klima grosse Freude.

Verbessern wollen wir das Wohlbefinden
Mit dem Geldbedarf müssen wir uns abfinden.

Sie sind wie Zwillinge, die energetischen Sanierungen
Hand in Hand gehen sie mit betrieblichen Optimierungen.

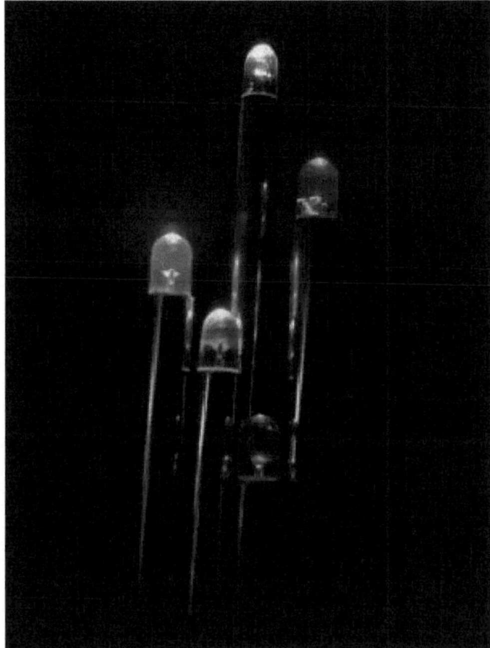
R. B./pixelio.de

LED ist die neue Technologie für Beleuchtung
Und bringt im Speziellen in den Tieflohnländern Erleuchtung
Sie braucht weniger Strom bis zu neunzig Prozent
Dies macht sie dort für Photovoltaik sehr potent.

Niko Korte/pixelio.de

In Wintertagen dringen sie ein, die *Wärmestrahlen*
Damit können Fensterbauer überall prahlen.

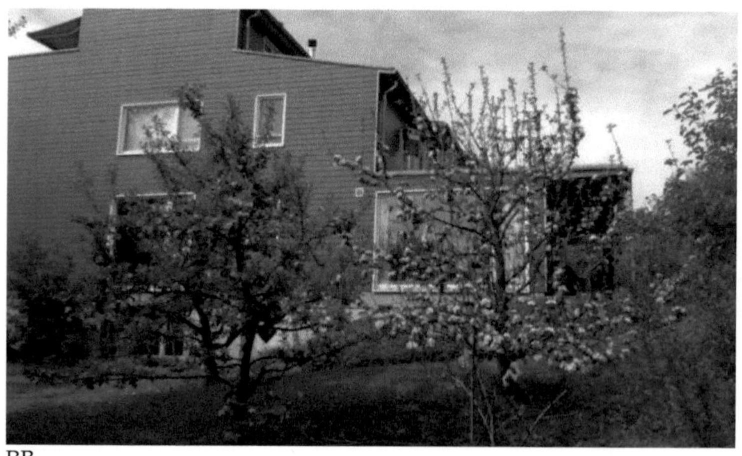
RB

Mit Holz lässt sich sehr viel machen
Sagt der Schreiner, der Macher.
Vermehrt sollten wir doch nachhaltig bauen
Vorläufig machen es erst die ganz Schlauen.

Ökologisch Bauen ist halt noch gar nichts für die Massen
Potentielle Eigentümer ziehen es vor zu passen.

Verändern wird sich der Städte Gesicht
Und Grünflächen erhalten mehr Gewicht.

Von den Amphibien könnten wir lernen
Anstatt hoch zu bauen bis zu den Sternen
Erstellen wir Häuser tief wie Kavernen.

Kertho/pixelio.de

Luftdurchlässiger werden die Erholungsräume
Sind dies nicht nur illusionäre Träume?

Etlichen Baumarten geht es nicht gut
Sie vertragen nicht der Hitze Glut.
Gefordert sind gemischte Baumbestände
Auch dies braucht Zeit und geht nicht in Bälde.

An Hausfassaden und Dächern Pflanzen wachsen
Durchlüftet werden Zentren durch Velo-Achsen.

Erreichen wir nicht die Pariser Ziele und diese neuen Wohlfühloasen
Entpuppen sich alle diese gutgemeinten Gedanken und Pläne als Blasen.

Biodiversität

Biodiversität bedeutet Vielfalt im Leben.
Fördert dies und bleibt doch nicht in der Einfalt kleben
Unser Wohn- und Lebens-Umfeld wollen wir beleben.

Jewgenia Stasiok/pixelio.de

Es geht auch um die Erhaltung der Vielfalt der Arten
Wie den Schutz von bedrohten Tieren mit schlechten Karten.

Wir müssen aber auch die Vielfalt der Gene erhalten
Und damit unsere Umfeld-Zukunft mitgestalten.

M. Großmann/pixelio.de

Bedeutungsvoll ist aber ebenso die funktionale Biodiversität
Die Wechselbeziehung untereinander, die verhilft zur Universalität

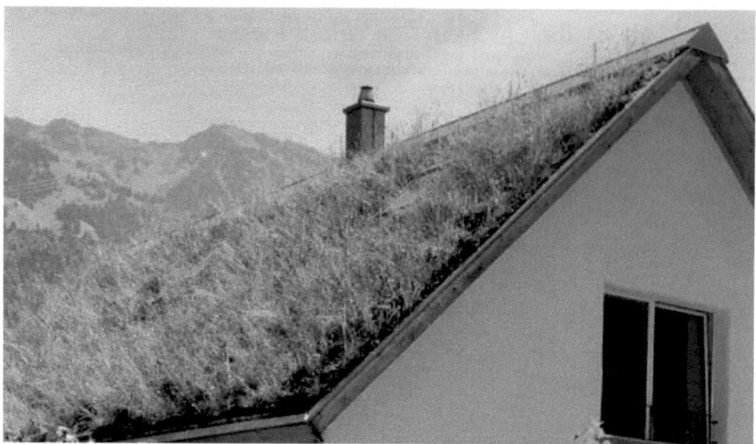

Bild ZinCo AG

In den Städten werden begrünt die Dächer
Diese wirken wie grosse kühlende Fächer.

Dächer werden begrünt
Und niemand ist erzürnt.

Begrünung erhöht die Biodiversität in urbanen Räumen
Von Bepflanzung und weniger Hitzeinseln lasst uns träumen.

Mobilität

Ob spassige Kreuzfahrten auf dem Meer oder Fliegerei
Ist für das belastete Klima doch einerlei.

Lasst uns wenigstens kompensieren
Doch viel besser wäre reduzieren.

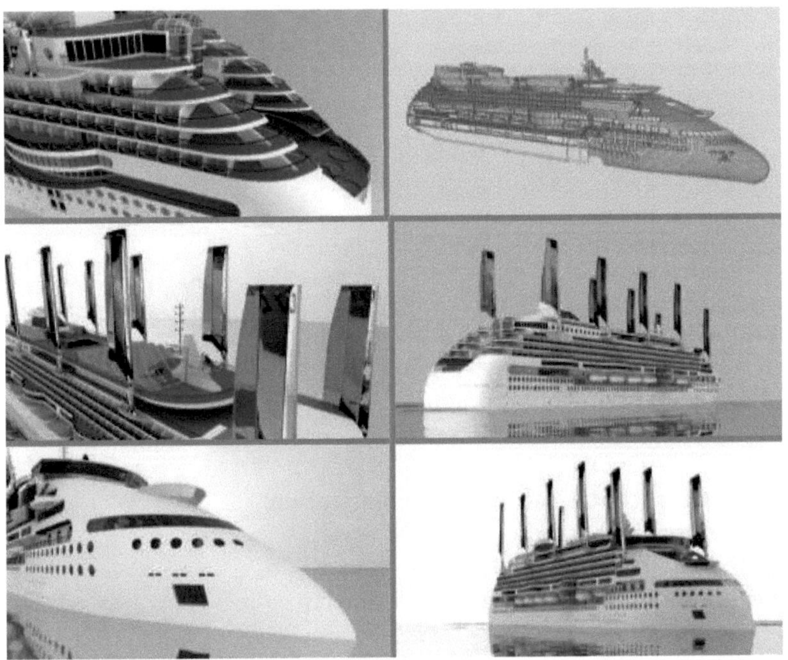

Ecoship, 5.9.2017

Geringgeschätzt wird der Verkehr zu Fuss und schafft viel Verdruss
Deshalb baut Fusswegnetze, denn dies bringt für alle Genuss.

Jerzy Sawluk/pixelio.de

Konventionelle Fahrzeuge, die CO2 emitieren
Belasten doppelt so viel wie diejenigen mit Strom betrieben
Wir wollen niemanden kontaminieren
Statt autofahren gehen wir flanieren.

Verringern wir doch die Zahl der Geschäftsreisen
Das sagen heute nicht nur die Umwelt-Weisen
Wir erreichen dasselbe mit Videokonferenzen
Und sind für andere Unternehmen Referenzen.

https://trusted.de/videokonferenzen

Die Förderung des öffentlichen Verkehrs ist Gebot der Stunde
Ansonsten gehen unsere Gletscher noch schneller vor die Hunde.

Kurt Michel/pixelio.de

Der motorisierte Verkehr ist ein grosser Emitent
Massnahmen in diesem Bereich sind überaus eminent.

Dieter Schütz/pixelio.de

Die Offroader haben einen grossen Verbrauch an Treibstoffen
Die Gewichts-Relation Insasse/Gewicht macht uns betroffen.

Die Autobauer haben noch eine zu grosse Macht
Und die Käufer arrangieren sich mit ihrer Ohnmacht.

Albrecht E. Arnold/pixelio.de

Vor Urzeiten wurde das Rad erfunden
Das Velo macht uns gänzlich ungebunden
Untereinander sind die Radler sehr verbunden
‚Mehr Velowege!' alle solidarisch bekunden.

Gefahren wird heute mit dem Verbrennungsmotor
Die Zukunft gehört aber dem *Elektromotor.*

Rudolpho Duba/pixelio.de

Dieser braucht kein Benzin, auch kein Tank
Und auch mit der Batterie findet man den Rank
Zudem macht es erst noch keinen Gestank.

Auch die Zulieferer bekommen es zu merken
Für das E-Auto gibt es weniger zu werken
Die Zulieferer müssen innovieren
Und in E-Produkte investieren.

Die Zulassung von Autos mit Benzinmotor wird künftig kosten
Die E-Auto-Besitzer werden sich zum Zero-Null-Preis zuprosten.

Die Auto-Manager realisieren erst jetzt den Ernst der Lage
Ihre Gegenstrategie war anfänglich nur allzu vage.

Tausende von ‚Fossil'-Zulieferer verlieren ihren Job
Und sie gehen bestimmt auf die Strasse wie der Fussball-Mob.

lichtkunst.73/pixelio.de

Die Neuwagen-CO2-Last ist in der Schweiz Spitze
Da erzählt uns jemand bestimmt ganz schlechte Witze.

Wasser

Kennen wir nicht alle die sogenannten Jahrhundertereignisse?
Sind diese Wassermassen nicht menschgemachte Klima-Ergebnisse?

Südstrasse in Dielsdorf 2018

Die Bauindustrie, die freut es, denn es geht um mehr als eine Milliarde
Doch unsere Oma, die blieb eingeschlossen in ihrer alten Mansarde.

neurolle - Rolf/pixelio.de

Sehr beklagt wird die grosse Überschwemmung
Geflogen wird weiterhin ohne Hemmung.

Thomas Klauer/pixelio.de

Es wird immer wärmer auch im Ocean
Orkane kreisen in einem Affenzahn
Kleiner und kleiner wird das Korallen-Riff
Wir haben dieses Thema gar nicht im Griff.

Jürgen Acker/pixelio.de

Es wird gerungen um den letzten Tropfen
Seid sparsam und auf jede Flasche den Pfropfen.

Schon heute klagen allzu viele Welt-Regionen über Wasser-Mangel
Intensiver, gehässiger und kriegerischer wird das Wasser-Gerangel.

Auch die Landwirte jammern über allzu wenig Wasser
Mit den höheren Temperaturen wird es immer krasser.

Wald/Urwald

Zu viel Waldflächen gehen weltweit jährlich verloren
Merken sie es denn nicht, diese ewigen Toren.

Die Erderwärmung schmälert unser Wälder Lebensdauer
Auch dies müssen wir zur Kenntnis nehmen mit grossem Bedauern.

Bernd Kasper/pixelio.de

Unser Wald ist unser Stolz
Darum pflegen wir das Holz.

Weltweit müssen wir diesen CO2-Fänger erweitern
Das wird bestimmt unser aller Weltklima erheitern.

Damit lässt sich in grossem Stil CO2 reduzieren
deshalb müssen wir es weltumspannend kommunizieren.

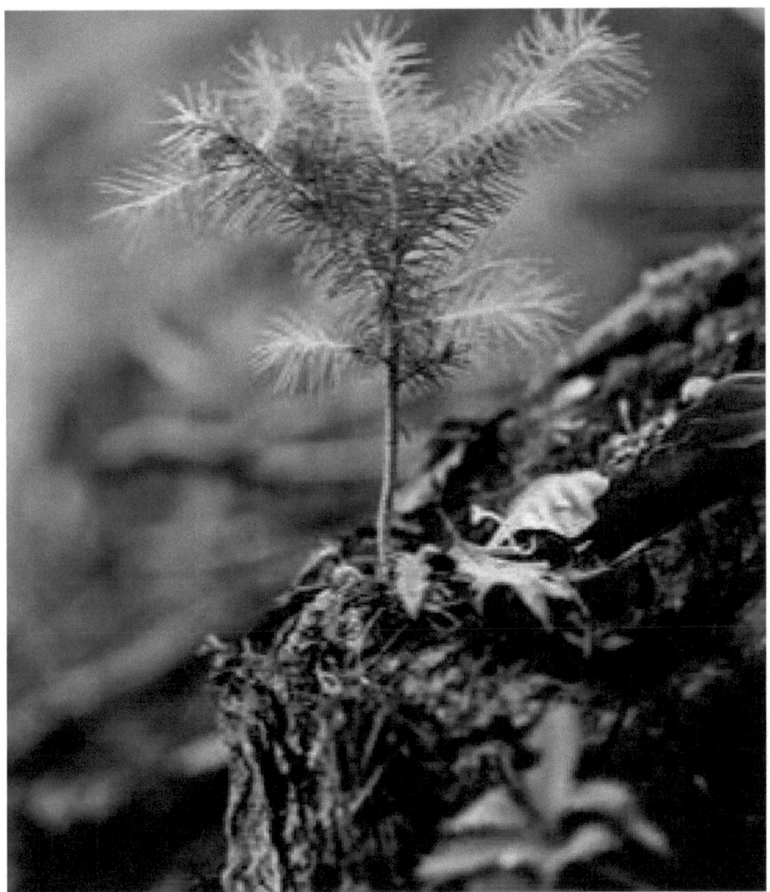
Albrecht E. Arnold/pixelio.de

Aufzubauen ist die Biomasse der Bäume
Dieser Aufbau verheisst uns neue Klima-Träume.

Gelingt uns in Bälde das Aufforsten weltweit
Liegen wir mit dem Klima nicht mehr im Streit.

Vier Milliarden Bäume pflanzt Äthiopien
Wann gibt es auch solche Pläne in Asien?
Aufforstungsaktionen sind sinnvoll
Jeder junge Erdenbürger findet dies toll.

Die erlebten Hitzewellen
Schaden allen Baumzellen.

Werden es die Fichten
Auch in Zukunft richten?

Heinrich Linse/pixelio.de

Brasiliens Regierung müsste schon längstens mit Elan handeln
Doch deren Präsident will den Tropenwald noch weiter verschandeln.

Er meint, zu nutzen sei des Urwalds Wirtschaftspotential
In unseren Augen ist er ein ego-rücksichtsloser Schakal.

Rebel/pixelio.de

Dieser Mensch negiert die Bedeutung von diesem Wald
Doch die nächsten Volkswahlen sind ja bestimmt schon bald.

Wir müssen ändern unsere Essgewohnheiten und die Landwirtschaft
Und verzichten auf den brasilianischen Urwald-Soja-Saft.

Was machen wir Europäer mit illegalem Holzschlag in Rumänien?
Wir schauen weg und lassen kassieren die sehr hohen Holz-Prämien!

Moore

Marty moorevent.ch

Bei der Regeneration von Mooren geht es um deren Hydrologie
Das CO2 muss bleiben im Boden auch wegen deren Biologie.

Der Zustand der Moorgebiete muss sein sehr nass
Trocknen sie aus, entweichen Treihausgase, ganz krass.

Solche Feuchgebietsergänzungsflächen sind zu schützen
Sagt ja nicht, diese Moorflächen seien vernachlässigbare Pfützen.

Fünfundfünfzig Prozent aller Moore haben einen sehr kritischen Feuchtigkeitsgehalt
Diese Kohlenstoff-Speicherorte sind zu erhalten – mit hoher Orientierungsgewalt.

Sollte dies trotz intensiven Informationen nicht bald gelingen
Wird die Atmosphäre den Kohlenstoff als CO2 verschlingen.

Biodiversität heisst auch weltumspannend genetische Vielfalt
Doch mit diesem wertvollen Gut gehen wir um in grosser Einfalt.

Landwirtschaft

Bioprodukte gibt es im Hofladen
Denn wir wollen der Natur nicht schaden.

Helene Souza/ pixelio.de

Nachhaltig sollte es sein
Dies gilt nicht nur für den Wein
Grösser und mächtiger wird deren Marktanteil
Mehr und mehr Bauern halten ihre Produkte feil.

Ändern müssen wir unser Einkaufsverhalten,
Um diese Biobetriebe zu erhalten.

EINSTELLUNGSSACHE / http://querfaden.ch

Denken die Bauern auch ans schädliche Methan?
Mit anderem Futter ist es nicht getan.

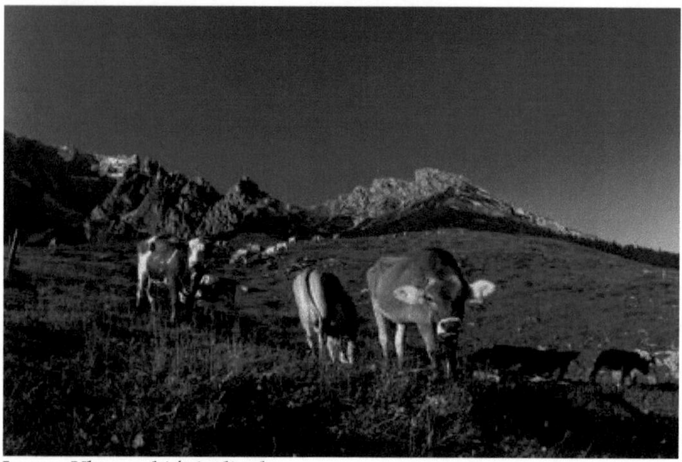

Janusz Klosowski/pixelio.de

Wollt ihr verdammen den Metabolismus eurer Kuh
Die ganze Herde lacht euch aus und alle machen nur Muh.

Auf den trockenen Weiden
Unsere Kühe leiden.

Alle suchen einen Schattenplatz
Vor allem das kleine Kalb, unser Schatz.

Niemand wird uns beneiden
Man wird sichtlich bescheiden.

Thommy Weiss/pixelio.de

Wassermangel und Wildfeuer werden Dritte-Welt-Bauern bedrohen
Uneinsichtigkeit zwingt uns einen besseren Menschen zu klonen.

agroscope

Bietet doch eine Chance den *Rohrschwingeln*
In den Köpfen muss es aber kräftig klingeln.

Verhindert endlich den Humusabbau
Und fördert den CO2-Einbau.
Bei der Düngung entsteht schädliches Lachgas
Und ihr fragt seelenruhig, was soll denn das?

Wikipedia commons/Michael Trolove

Zuviel Stickstoff gelangt in die Böden als Düngemittel
Die Gewässer sagen es klar: Es genügen auch zwei Drittel.

ABHAUE - ALLEZ VITE / http://querfaden.ch

Manche leiden unter *kognitiver Dissonanz*
Und es fehlt vielen der Mut zur Akzeptanz.

Wikipedia commons

Landnutzung und Klimawandel bilden einen Teufelskreis
Die Bauernpolitiker aber sagen: ‚Mach doch keinen Mais!'
Braune Wiesen gibt es bei uns ausgedehnt wie im Süden
Das durch uns verursachte Klima negieren nur die Müden.

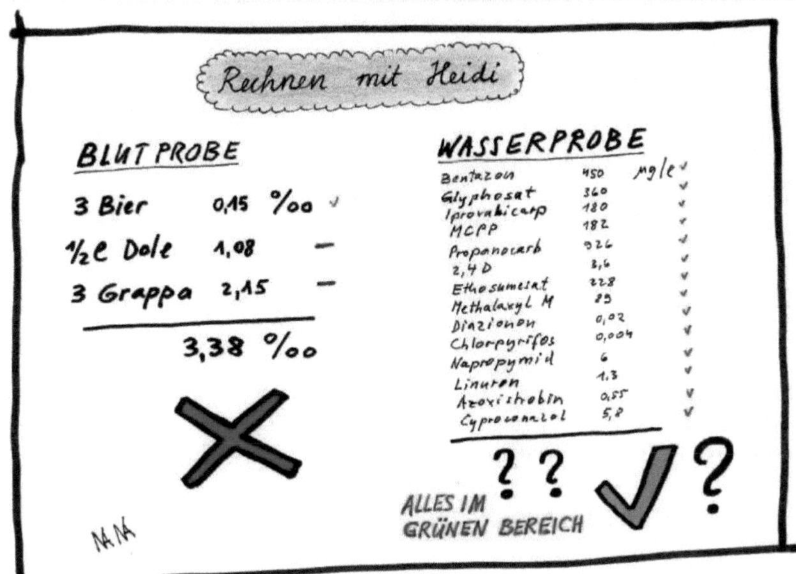

ALLES IM GRUENEN BEREICH / http://querfaden.ch

Klimawandel? – Wir pflanzen Süsskartoffel,
Sagt Bauer Meier zu Kollege Christoffel.

Schon heute beklagen sich Bauern über Ertragsausfälle
Ob Grossgrund- oder Klein-Bauer, da gibt es kein Gefälle
Alle werden sie enttäuscht und frustriert sein auf alle Fälle.

Maret Hosemann/ pixelio.de

Bauern wollen neu auch Klima-Subventionen
Wofür wollen sie sich denn eigentlich belohnen?

Was leisten sie denn zum Klimaschutz?
Sie wollen zuallererst den Stutz.

Synthetischer Dünger verflüchtet sich mit Stickoxiden
Zurückkehren wollen die Bauern nicht zu den *Hominiden.*

Doch mit vermehrtem natürlichem Dünger
Würde die Menschheit ganz bestimmt nicht dümmer.

Thomas Max Müller/pixelio.de

Ernährung

Die Nahrungsmittel-Produktion assimiliert Kohlenstoff
Dieser Naturvorgang gäbe überhaupt keinerlei Zoff.
Doch die Intensität der Produktion
Ist für die Verbesserung des Klimas ein Hohn.

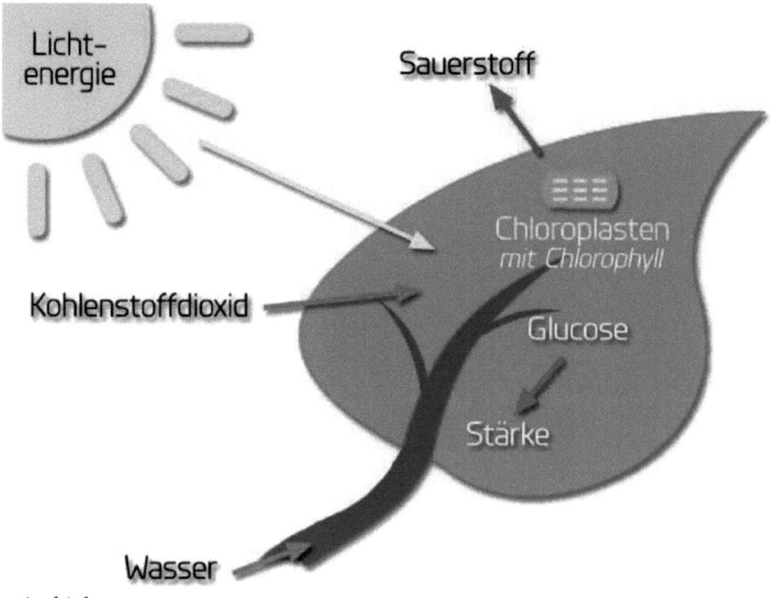

eqiooki.de

Auf was sollen wir denn vornehmlich verzichten?
Der Fleischkonsum kann es teilweise richten.

Treibhausgas-Prozente aus der Viehzucht gehen in die Zwanzig
Das macht jede Vegetarierin und jeden Veganer ranzig.

Um für den Absatz von Steaks zu bolzen
Muss man auch die Urwälder holzen

Windrose/pixelio.de

Doch der Klima-Schlüssel ist die pflanzliche Kost
Gepaart mit dem Bäuerinnen eigenem Apfel-Most.

Spass-clips.de

Überkonsum und tierisches Protein liegen auf der einen Hand
KKK bringen uns Menschen langfristig unweigerlich an den Rand.
Emissionen gingen um siebzig Prozent zurück, ist zu erwähnen
Würden sich sämtliche Menschen nur noch vegetarisch oder vegan ernähren.

Proteine benötigen wir fünfzig Gramm täglich
In reichen Ländern ist der Üeberkonsum abträglich
Unsere Ernährungsberatung versagt kläglich.

Petra Bork/pixelio.de

Proteine sind nicht nötig vom Tier
Pflanzenbasierte, das rat' ich dir.

Wegen externer Effekte ist Fleisch zu billig
Preise erhöhen und der Käufer ist nicht mehr willig
Dann wird heutiges Fleisch zum Luxusgut
Das tut Klima und der Gesundheit gut.
In der Fleisch-Wertschöpfungskette steckt viel Subvention
Wieso ist Kostentransparenz noch eine Illusion?

Wollen wir heute Verantwortung wahrnehmen?
Die Devise lautet: Fleisch-Konsum abnehmen.

Andreas Hermsdorf/pixelio.de
Heinrich Linse/pixelio.de

Mit der Umwandlung von Weideland in Ackerland
Geht die Speicherung von Kohlendioxid Hand in Hand

Man weiss es seit langem, Agrarökologie funktioniert
Verhinderer argumentieren dagegen, ganz ungeniert.

Margot Kessler/pixelio.de

Wir sollten vermehrt vegetarisch essen
Und nicht unseren fleischgeplagten Darm stressen.

Die ewig gleiche Frage am Familientisch
Woher kommt denn unser geliebter Wochen-Fisch?

Recycling

Das Klima schützen mit Kreislaufwirtschaft
Sagt die Klimaplattform der Wirtschaft
Recycling ist die Erhaltung der Wertstoffe
Und dazu gehören auch die Kunststoffe.

Thorben Wengert/pixelio.de

Mit Recycling lassen sich Wertstoffe zurückgewinnen
Seid keine Murmeltiere und lasst keine Zeit verrinnen.

Ressourcenschonend wollen wir das wertvolle Reziklat
Und vollziehen den Ökonomie/Ökologie-Spagat.

PET-Flaschen wollen wir vermehrt reziklieren
Vom minderen Littering profitieren
Für unsere hohe Rücklaufquote
Gibt es Beifall und eine gute Note.

Im Recycling sind wir doch Musterknaben
Wie motivieren wir die trägen Raben?

Peter von Bechen/ pixelio.de

Klimajugend

Klimaforschung hat er betrieben, der Weltklimarat
Und jetzt fordert er zur individuellen Tat.

Gemerkt hat es die Jugend
Lernen wir von deren Tugend.

Michael Grabscheit/pixelio.de

Sie sind die Aktivisten
Und gar keine Pessimisten.

Müssen sie bleiben in einer Gefängnis-Zelle
Als Lohn für ihre engagierte Klima-Welle?

Hört ihr alle den lauten Ungehorsam
Für die Sympathisanten ist es Balsam.

Es tönt ja wie der Weltuntergang
Nein, nein, es ist doch der Vorwärtsgang.

Im Focus haben sie auch die Banken
Und wollen sich mit ihnen zanken.

Sie negieren der Banken Kohleinvestition
Deren träge Reaktion verdient kein hoher Lohn.

Sie wollen retten die Welt
Und übernachten im Zelt.

Florentine/pixelio.de

Die klimatische Veränderung wird ringsum wahrgenommen
Und die kritischen Stimmen der Jungen auch ernst genommen.

Für eine gute Sache wird demonstriert
Und nicht, weder agressiv noch sinnlos, demoliert.

Auf eine gute Art wird sensibilisiert
Die Jungen haben sich solidarisiert.

Und davon haben auch wir Alten profitiert
Denn beim Fliegen wird wenigstens kompensiert.

Gibt es sie wirklich die Flugscham?
Der Flugverzicht ist eher zahm.

Klein fängt es an mit dem Umdenken
Bald müssen wir heftig umschwenken.

Sie wollen konsequent auch nicht mehr fliegen
Lieber hüten sie im Garten ihre Ziegen.

Joujou/pixelio.de

Sie wollen keine Politik der Symbole
Wie der Wankelmütige und der Frivole.

Sie fordern eine verpflichtende Charta
Verweigern Flugferien nach Malta.

Ohne Scham verliert der klimakritische Mensch Selbstachtung
Gezeigte Scham erziehlt bei den meisten Mitmenschen Achtung.

Christof Zach/pixelio.de

Sie negieren der Eltern Ambivalenzen
Werden zu deren Verdruss die Schule schwänzen.

Sie wollen den Konsum jetzt, überdenken
Dezidiert in anderen Bahnen denken
Zu nachhaltigerem Leben umschwenken
Das Verhalten in andere Bahnen lenken.

Zunehmen werden die nicht kalkulierbaren Launen der Natur
Die Direktbetroffenen erfahren dann direkt den Schrecken pur.

Wir verlangen einen Transformationsschub!
Wiederholt er mit Vehemenz, der Schülerbub.

Jetzt und nicht erst übermorgen
Sonst fühlen wir uns betrogen.

Helene Souza/pixelio.de

Vermeiden wollen wir einen Generationenkonflikt
Hitze und Wetterkapriolen allein ist schon ein Verdikt.
Der Umsetzungswille der Politik ist ihnen zu gemächlich
über deren Realisierungs-Tempo lachen sie verächtlich.

Das Auftreten der Klimajugend ist berechtigt forsch
Sie ist auf dem antifossilen Sprung, wie ein Frosch.

Banken

Der Ausstieg aus den fossilen Energieträgern ist schon lange opportun
Doch viele Banken haben seit Jahren entschieden, gar nichts zu tun.

Endlich zwingt sie die Profitabilität umzuschwenken
Und wohl am besten ihre Öl-Aktien zu verschenken.

Online Broker LYNX

Was verlautet denn der Klimarat?
Verhalten der Banken ist Untat.

srf

Banken reagieren auf Klimaaktivisten kleinlich
Für Beobachter wirken diese Strafanzeigen peinlich.

Investment-Banken sollen schlanken
Und nicht mit besorgten Jungen zanken.

Die Banken sind doch Umwelt-Amateure
Finanzieren unkritisch die Öl-Akteure.

Haben sie nicht auch an der Klimaerwärmung Anteil?
Den Weckruf der Strasse finden sie gar nicht geil.

Ökonomie

Der Preis ist ein wichtiges Signal
Die Wirtschaft wertet es als *Fanal.*

Wir müssen mit Verstand dort miteinander ringen
Wo die eingesetzten Gelder am meisten bringen
Die Internalisierung der Externalitäten muss gelingen
Sonst wird ganz bestimmt der Gesetzgebungsprozess alle Verursacher zwingen.

Oliver Mohr/pixelio.de

Hohe externe Kosten hat die Landwirtschaft
Diese sind höher als ihre Schaffenskraft.

Die absehbaren Umwelt-Schäden schockieren
Die Offiziellen immer noch blockieren.

WARTEN AUF...... / http://querfaden.ch

Oft resultiert der Effekt des *Rebound*
Gilt dies nicht auch für die *Verkehrs-Maut*?

Tim Reckmann/pixelio.de

Steuern oder – besser - Lenkungsabgaben
Das sind die aktuellen Fragen.

Wann endlich kommt die Energie-Lenkungsabgabe?
Wir tun uns so schwer mit dieser Hausaufgabe.

Rückvergütung will doch positiv anreizen,
Um nicht das Klima weiter anzuheizen.

Eine Verkehrsabgabe nach Gewicht/Hubraum
Ist schon seit langem ein Klima-Vernunft-Traum.

Effiziente Fahrzeuge erhalten Steuerrabatt,
Aber die angestrebten Wirkungen sind viel zu matt.

Günter Hommes/pixelio.de

Internalisierung der Kosten hat eine unangenehme Seite,
Denn viele Direktbetroffene weichen aus und suchen eiligst das Weite
Selbst beim zunehmenden Velo- und Zugfahren,
Zeigt sich unser unredliches Gebahren.

Daarom/pixelio.de

Extrem hoch sind die externen Kosten in der Landwirtschaft
Die nicht gedeckten Kosten hat zu tilgen die Einwohnerschaft

SAFTY FIRST ??? / http://querfaden.ch

Die Stromnachfrage wollen wir dem realen Verbrauch anpassen
Mit der smarten Digitalisierung ist dann nicht mehr zu spassen.

Cristine Lietz/pixelio.de

Abgaben auf fossilen Brennstoffen ist keine Steuer
Für den Sparsamen wird es überhaupt nicht teuer
Denn er bekommt sein Geld zurück
Und wird so belohnt - zum Glück.

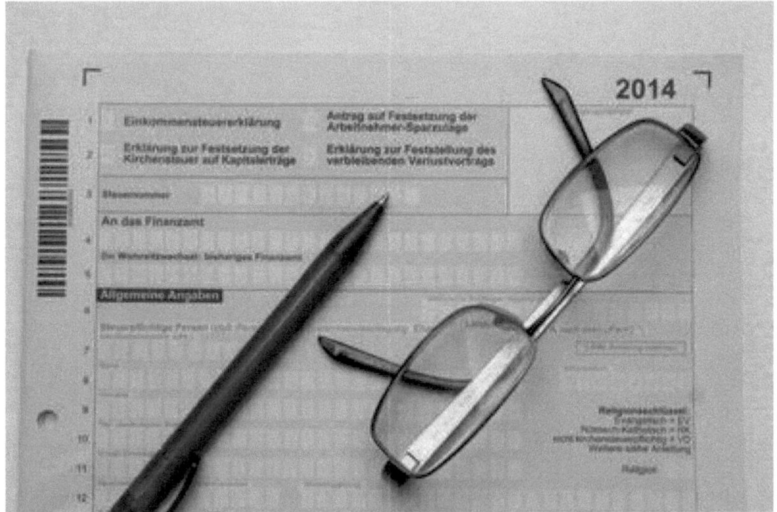

wolfgang teuber/pixelio.de

Ohne Klimaverantwortung nimmt der Finanzplatz unweigerlich Schaden
Er muss sich herauslösen aus den eigenen fossilen Blockaden.

Und sollte er gar passen,
Wird der Kunde überraschen.

Zürich Tourismus

Wir fordern für alle Kostenwahrheit im Flugverkehr
Von der Kerosinbesteuerung gibt es keine Umkehr.

rolf englisch/pixelio.de

Wieso hat denn das CO2 keinen Preis?
Damit würde sich gänzlich schliessen der Kreis.

Wissenschaft und Ökonomie ziehen an demselben Strick
Es braucht einen sektorübergreifenden Einheits-Preis, ganz dick.

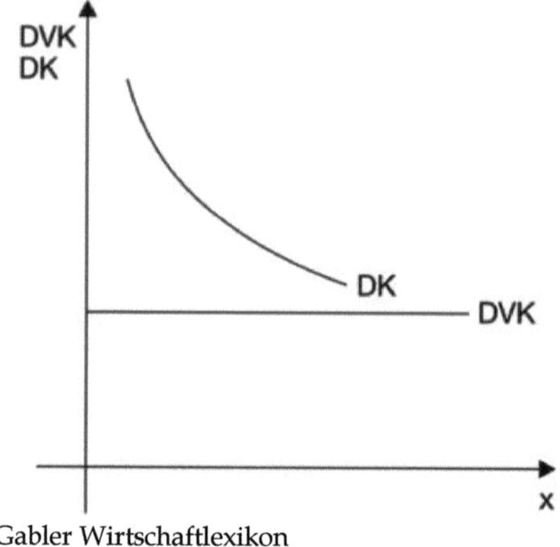

Gabler Wirtschaftlexikon

Die Kosten für erneuerbare Energien fallen
Und bald werden die Grenzkosten sein bei Null.
Der Verbrauch ist kein Problem - es wird uns bestimmt gefallen
Und sie werden bleiben bei Null-Komma-Null.

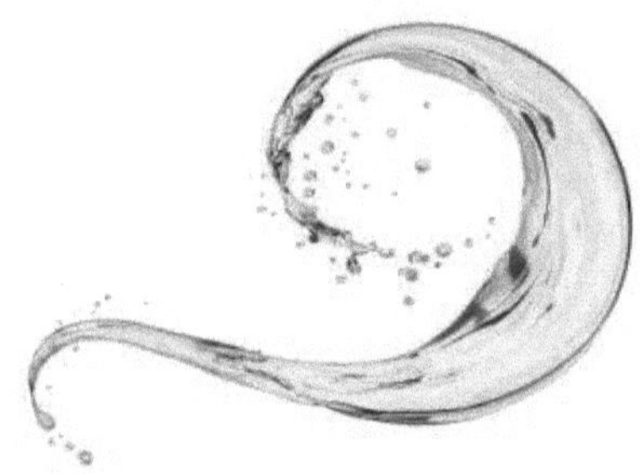
shutterstock.com • 1040025454

Die Öelmanager glauben zu sehen die wirtschaftlichen Gelenkstellen
Ist dies nicht nur ein weltweites koordiniert-inszeniertes grosses Bellen?
Denn nach wie vor reiten sie unbeeindruckt auf den übergrossen Ölwellen.

Die Atomenergie ist exorbitant zu teuer
Kein Versicherer will sie finanzieren.
Die Erneuerbaren sind uns sehr viel geheuer
Selbst die Betreiber so kommunizieren.

GRENZWERT-SCHIEBER / http://querfaden.ch

Volksinitiative

Sie wettern über die Gletscherinitiative
Als wäre sie gar eine furchtbar Primitive
Dabei entpuppen sie sich als allzu Naive.

srf

Unterstützen wir dieses Volksbegehren
Denn wir wollen miteinander aufbegehren
Sonst unsere Kinder müssen entbehren
Und werden uns Eltern gar nicht verehren.

RB

Könnten wir die immer schneller schmelzenden Gletscher fragen
Sie würden keine Asiaten in die Alpen tragen.

roman seiler/aargauer zeitung

Die Gletscherdicke schmilzt um achtzig Zentimeter
Und deshalb reduziert sich der Perimeter.

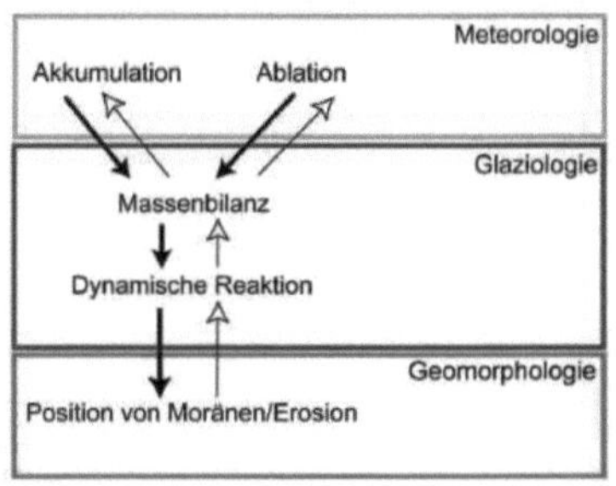

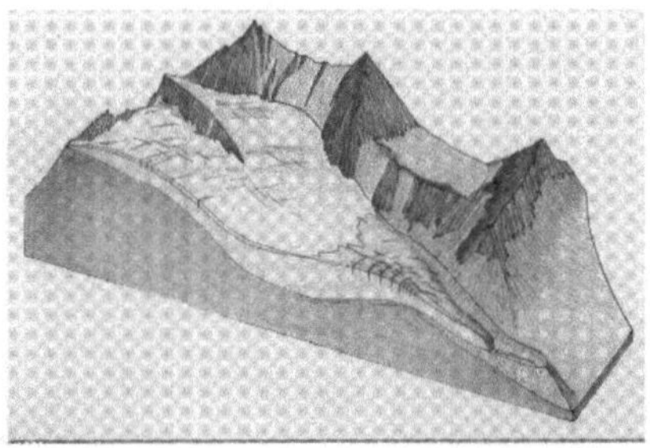

Messung und Modellierung der Massenbilanzverteilung auf Gletschern derSchweizer Alpen; Machguth Horst

Absolut traurig stimmt uns dieser Gletscherschwund
Drum treffen wir uns zum Unterschriften-Bund.

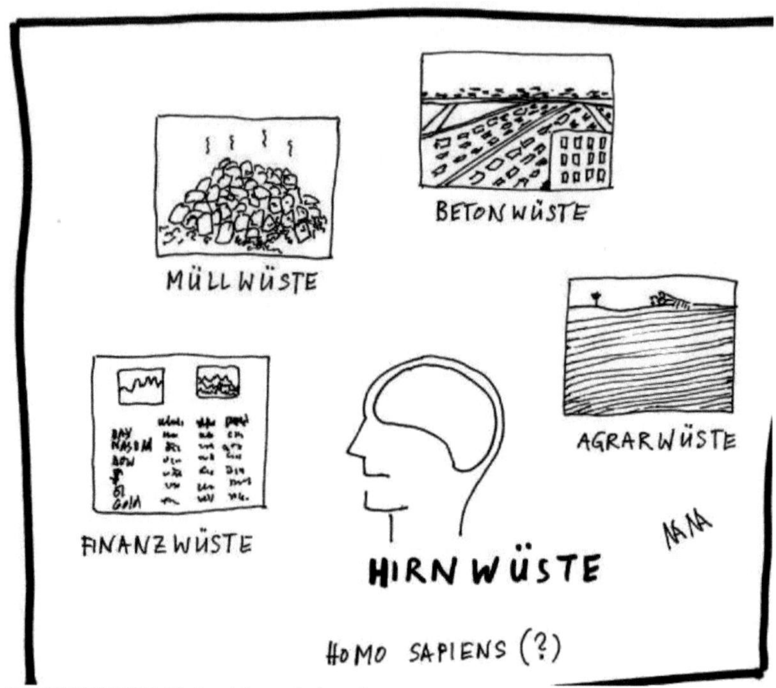

HIRNWUESTE / http://querfaden.ch

Bergtäler werden zu öden Wüsten
Für die Menschen wird es ganz düster.

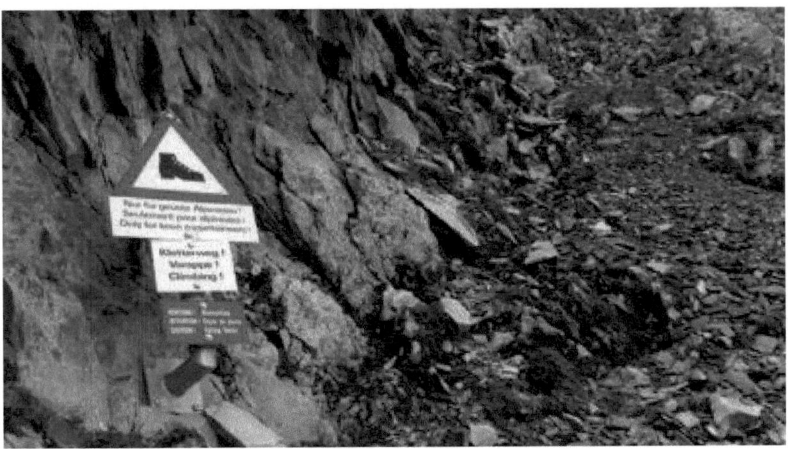
Hape Bolliger/pixelio.de

Mancherorts kommt es zu Steinschlägen
Nun merken es auch die Ewig-Trägen.

Nicht alle Wanderwege sind leider offen
Alle Berg-Wanderer sind direkt betroffen.

Realisieren all die Menschen die Gefahr
Viele nehmen das Menschgemachte nicht wahr.

Massiver Gletscherschwund ist des Attest's Ergebnis
Für die jungen Menschen ein Schlüsselerlebnis.

Wissenschaft

Wissenschaft ist fundamental und zentral
Und vermittelt das beste Wissen - ganz klar.

Über Bildung, Forschung, Innovation wird zu wenig aufgeklärt
Deshalb bleibt für die Bevölkerung allzu viel verborgen und verklärt.

Wasser, Wind, Photovoltaik und Biomasse
Haben eine ausserordentlich hohe Umwelt-Klasse
Ihre *Umweltbewertungspunkte* sind tief
Bei dieser Art der Methode läuft gar nichts schief.

AGROLA

Synthetische Flugbrennstoffe sind ein Forschungs-Beispiel
Doch Jahre zu warten ist für den Erdball viel zu viel.

FCKW-haltige Kühlgeräte haben ausgedient
Mit deren Ersatz ist unser aller Weltklima gut bedient.

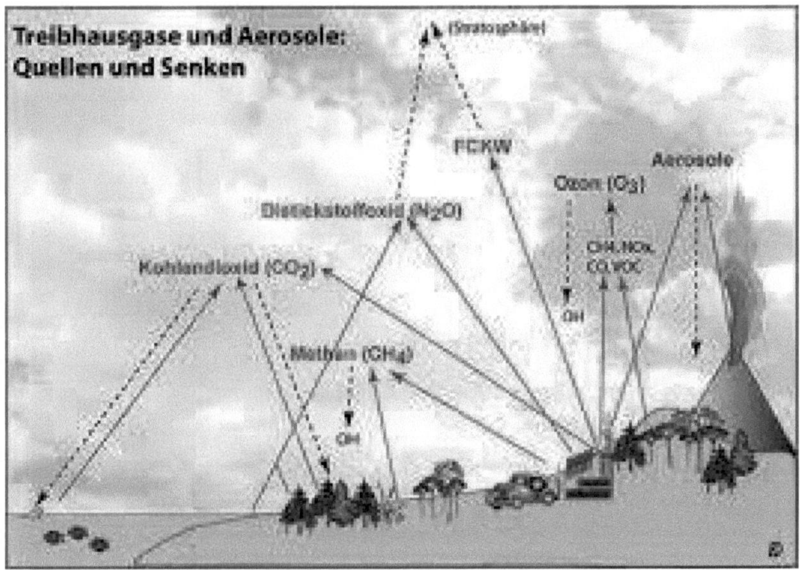

Welt

Der Wissenschaft schenken wir grosses Vertrauen
Auch wenn sich manche verhalten wie Pfauen
Und meinen sie seien gar die Oberschlauen.

Der technologische Wandel
Fordert uns zum Handeln.

Wieso geht es nicht mit der Lagerung von *CO2 im Untergrund*?
Die Herausfilterung ist zu energieintensiv, das ist der Grund.

fotoART by Thommy Weiss/pixelio.de

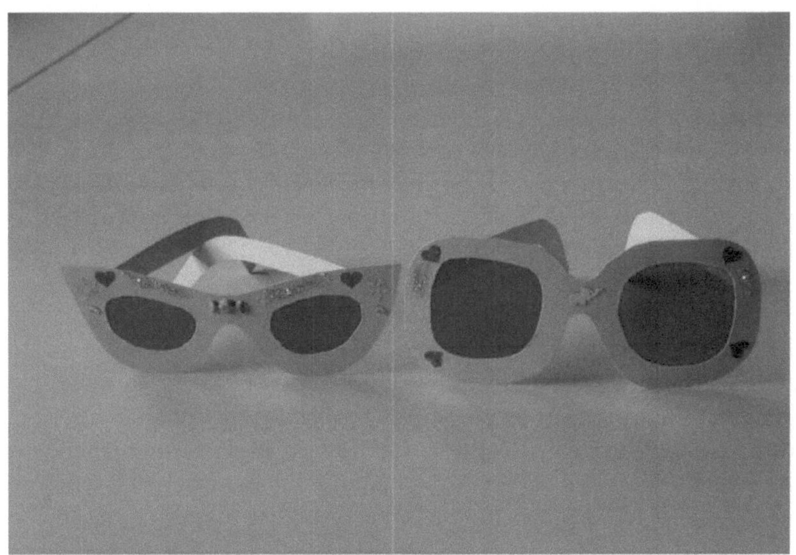

ROSABRILLEN FUER ALLE! / http://querfaden.ch

Erklärung einzelner Begriffe
(in den Aphorismen *kursiv* gekennzeichnet)

Albedo-Effekt
Liegt im Winter weniger Schnee, so wird weniger Sonnenstrahlung von der Erde reflektiert - der Boden nimmt mehr Sonnenenergie auf und erwärmt sich dadurch zusätzlich. Dieser Effekt spielt dort am stärksten, wo es zeitweise Schnee gibt. Also in nördlichen Ländern wie Finnland oder Russland.

Zudem spielt die steigende Feuchtigkeit eine Rolle: Wasserdampf ist, ähnlich wie CO_2, ein Treibhausgas. Gelangt in den trockenen Nordregionen mehr Wasserdampf in die Luft, so führt das zu zusätzlicher Erwärmung. Neben dem Albedo-Effekt ist dies ein weiterer, natürlicher Mechanismus, der den menschengemachten Klimawandel zusätzlich verstärkt.

Dafür drohen zunehmend Wetterkapriolen: In den feuchtesten Monaten dürfte mehr, in den trockensten Monaten dagegen weniger Regen fallen als heute. Extremereignisse treten häufiger auf.

Meteorologen sind sich einig, dass tropische Wirbelstürme wie Irma oder Michael, die seit einigen Jahren gehäuft über Florida hinwegfegen, eine Folge der globalen Erwärmung sind.

Die prognostizierte Abnahme der jährlichen Niederschläge steht dazu nicht im Widerspruch. In vielen Tropenstädten wird es insgesamt weniger regnen. Aber wenn die Wolken brechen, fällt umso mehr Wasser zu Boden. Es ist eine von vielen unerwarteten, lokalspezifischen Folgen des Klimawandels.

Die Städte der Welt werden generell heisser, besonders im Hochsommer und im Winter. Die Regenzeiten werden nasser und die Trockenzeiten trockener. (Autor: Jean-François Bastin)

Agro-Treibstoffe
Biokraftstoffe (auch *Biotreibstoffe, Agrotreibstoffe*) sind eine Form der Biomasse. Es handelt sich um flüssige oder gasförmige Kraftstoffe, die aus Biomasse hergestellt werden. Sie kommen für den Betrieb von Verbrennungsmotoren in mobilen und stationären Anwendungen zum Einsatz. Ausgangsstoffe der Biokraftstoffe sind nachwachsende Rohstoffe wie Ölpflanzen, Getreide, Zuckerrüben oder -rohr, Wald- und Restholz, Holz aus Schnellwuchsplantagen, spezielle Energiepflanzen und tierische Abfälle.[1][2] Das Präfix *Bio* weist hier nicht auf eine Herkunft aus ökologischer Landwirtschaft hin, sondern auf den pflanzlichen (biologischen) Ursprung. Die Klimaneutralität und ökologische Vorteilhaftigkeit von Biokraftstoffen ist umstritten (aus: Wikipedia).

Aphorismus
Ein Aphorismus ist ein selbstständiger einzelner Gedanke, ein Urteil oder eine Lebensweisheit, welcher aus nur einem Satz oder wenigen Sätzen bestehen kann (aus: Wikipedia).

Aufforstungsaktionen
Würde die weltweite Waldfläche um die Hälfte erweitert, würden zwei Drittel des seit der Industrialisierung ausgestossenen Kohlenstoffs gespeichert (NZZ, 2.8.2019; s.a unten)

CO2 im Untergrund lagern
Jedes Jahr gelangen Unmengen an Kohlendioxid in die Luft. Die Folge ist die Umweltverschmutzung und der Klimawandel. Die CO2-Emissionen müssen in den nächsten Jahrzehnten drastisch gesenkt werden, um den Schaden einzugrenzen. Bereits untersuchen Forscher Möglichkeiten, das CO2 auf der Erde zu binden, statt es in die Atmosphäre entweichen zu lassen.

Kohlendioxid soll im Untergrund gelagert werden. Wie sicher dieses sogenannte Carbon Capture and Storage (CCS) ist, bleibt unklar. Einige Experten befürchten Lecks oder Risse in den Anlagen, so dass das Gas wieder entweichen könnte. Ein internationales Forscherteam mit dem Schweizer Jürg Matter hat nun ein neues Verfahren zur CO2-Speicherung vorgestellt. Sie haben Kohlendioxid in Gestein gebunden.

CO2 in Basalt gepumpt
Dazu mineralisieren die Forscher das CO2 in vulkanischem Basaltgestein. Basalt ist reich an Kalzium, Magnesium und Eisen, die das Kohlendioxid in Form von umweltverträglichen Karbonatmineralien binden.

Die Forscher lösten das CO2 zunächst in Wasser und spritzten das Gemisch dann 400 bis 800 Meter tief in eine Basaltschicht auf Island. Bisher sind viele Experten davon ausgegangen, dass diese Mineralisierung hunderte Jahre bräuchte. Um verfolgen zu können, wie sich das CO2 im Boden verändert, reicherten sie es mit radioaktivem Kohlenstoff an. In nur gerade zwei Jahren hatte sich mehr als 95 Prozent des CO2 mineralisiert.

Umweltfreundliche Lagerung
Diese neu entwickelte Methode könnte zur dauerhaften und umweltfreundlichen Lagerung von CO2-Emissionen genutzt werden. Sie könnte überall dort zum Einsatz kommen, wo es Basalt im Untergrund gibt – und das ist in vielen Gebieten der Fall. Basalt ist eins der häufigsten Gesteine auf der Erde. Um die Mineralisation in Gang zu bringen, wird jedoch viel Wasser benötigt: für eine Tonne CO2 braucht es rund 25 Tonnen Wasser.
https://www.gesundes-haus.ch/umweltschutz/CO2-in-Gestein-lagern.html

Elektromotor
Elektro-Fahrzeuge sind viermal effizienter und die Herstellung von Elektrizität verursacht die Hälfte werniger CO2 als fossil betriebene Fahrzeuge. Daneben sind Elektro-Fahrzeuge einfacher herzustellen, haben weniger bewegliche Teile und benötigen weniger Unterhalt. Elektro-Fahrzeuge werden durch einen Elektromotor betrieben.

Energie-Brücke
Biomasse kann so bezeichnet werden, denn sie taugt als Übergangslösung bis gänzlich auf fossile Energieträger verzichtet werden kann (s.a. unten Drawdown, S. 16).

Fanal
Fanal bedeutet ein Aufmerksamkeit erregendes und Veränderung ankündigendes Zeichen, oft in Form eines bedeutungsschweren, folgenreichen oder symbolträchtigen Ereignisses (aus: Wikipedia).

KKK
Klima, Krankheiten, Kosten

Kognitive Dissonanz
Dieser Begriff bezeichnet in der Sozialpsychologie einen als unangenehm empfundenen Gefühlszustand. Er entsteht dadurch, dass ein Mensch unvereinbare Kognitionen hat (Wahrnehmungen, Gedanken, Meinungen, Einstellungen, Wünsche oder Absichten). Kognitionen sind mentale Ereignisse, die mit einer Bewertung verbunden sind. Zwischen diesen Kognitionen können Konflikte („Dissonanzen") entstehen (aus: Wikipedia).

Die Psychologie als Wissenschaft vom Erleben und Verhalten des Menschen bietet in vielfältiger Weise konzeptionelle sowie empirische Anknüpfungspunkte für den aktuellen Diskurs um nachhaltige Entwicklung – insbesondere im Hinblick auf die Umsetzung der als Agenda 2030 im September 2015 von den UN proklamierten Sustainable Development Goals (s.a.: link.sprier.com/book/10.1007/978-3-658-19965-4).

Kurve von Kusnets
Diese besagt Folgendes: Wird ein Land reicher, nehmen die Umweltschäden zunächst zu, dann folgt der Gipfel, und anschliessend gehen die Schäden zurück. Der Hauptgrund für das Aussehen der glockenförmigen Kurve ist, dass mit wachsendem, auf ‚schmutziger' Industrialisierung beruhendem Wohlstand der Wunsch der Einwohner nach Umweltschutz stärker wird und dass ein wohlhabender Staat diesen Wunsch leichter umsetzen kann als ein armer. In 50 Städten Chinas wurden Daten analysiert und bestätigen die Umwelt-Kuznets-Kurve (Swen Titz; s.a. unten).

Hominiden
Hominide ("Hominidae") bedeutet soviel wie "menschenartig". Der Beginn der Entwicklungsgeschichte des Menschen und seiner frühen Vorfahren, wird mit der Abspaltung seiner Art vom gemeinsamen Entwicklungszweig der Menschenaffen berechnet, als sich der erste Vertreter, der Menschenartigen anatomisch, sowie genetisch, zu verändern begann (s.a. https://www.steinzeitung.ch/hominiden).

Mobility Pricing
Mobility Pricing hat zum Ziel, Verkehrsspitzen zu brechen und eine gleichmässigere Auslastung der Verkehrsinfrastrukturen zu erreichen. Es ist ein verkehrsträgerübergreifendes Konzept, das Strasse und Schiene umfasst. Es unterscheidet sich damit vom Road Pricing, das ausschliesslich auf den Strassenbereich fokussiert (z.B. London oder Stockholm). Mobility Pricing ist für den Bund ein Instrument zur Lösung von Kapazitätsproblemen und nicht zur Finanzierung der Verkehrsinfrastruktur.

Mobility Pricing geht mit der Digitalisierung einher. Forschung und Technik machen grosse Fortschritte. Um Verkehrsspitzen zu glätten, lohnt es sich ausserdem, weitere Massnahmen wie flexible Arbeitszeitmodelle, angepasste Unterrichtszeiten, Home Office oder Fahrgemeinschaften zu fördern (Konzeptbericht Mobility Pricing Ansätze zur Lösung von Verkehrsproblemen für Strasse und Schiene in der Schweiz, 2016).

Peak-Oil
Die Ölförderung steigt nicht mehr weiter: Die entscheidende Frage ist nicht, wie viel Öl noch im Erdinneren lagert. Entscheidend ist der Zeitpunkt, ab dem sich die Ölproduktion, also die Förderrate, nicht mehr steigern lässt. Es gilt folgende Regel: Die Ölförderung steigt auf ein Maximum an, verharrt eine gewisse Zeit auf diesem Niveau und fällt dann ab, sie folgt also der Form einer Glockenkurve. Der Punkt der maximalen Ölförderung heisst Peak Oil. Wann es so weit ist, ist umstritten: ExpertInnen der ASPO (Association for the Study of Peak Oil) gehen davon aus, dass der globale Peak Oil beim konventionellen Erdöl ungefähr im Jahr 2005 erreicht wurde. Das wurde unterdessen auch von der IEA bestätigt. Wann der Peak Oil für alle Formen von

Erdöl erreicht werden wird, lässt sich nicht mit Bestimmtheit sagen. Sicher ist: Peak Oil ist der Beginn des Endes des Ölzeitalters.

Die Glockenkurve der Ölförderung: Sie spiegelt den Idealtyp der Produktion eines nicht-erneuerbaren Rohstoffs wider. Die Fläche unter der Kurve entspricht dem Volumen des insgesamt vorhandenen Rohstoffs, der Kurvenverlauf mit einem exponentiellen Anstieg und Abfall wird unterbrochen durch eine Phase maximaler Förderung, dem Peak Oil. Der Peak Oil in den Vereinigten Staaten wurde von Hubbert bereits 1956 richtig für das Jahr 1971 vorausgesagt. Daher der Begriff HUBBERT-Glockenkurve.

Peak Oil ist eine grosse Herausforderung des 21. Jahrhunderts: Peak Oil bedeutet nicht zwingend, dass das Öl sofort ausgeht. Es wird nach wie vor viel Erdöl gefördert, aber ab dem Peak Oil-Zeitpunkt wird es Jahr für Jahr schwieriger, Öl zu finden und zu fördern. Mit der Fracking-Fördertechnik wird dieser Prozess etwas verzögert, aber nicht entscheidend verlängert. Es ist deshalb Zeit für einen grundlegenden Umbau unserer Energieversorgung (Schweizerische Energie-Stiftung)

Photovoltaik (PV)
Unter Photovoltaik bzw. Fotovoltaik versteht man die direkte Umwandlung von Lichtenergie, meist aus Sonnenlicht, in elektrische Energie mittels Solarzellen (aus: Wikipedia)

Rebound
Mit Rebound-Effekt (englisch für Abprall- oder Rückschlageffekt) werden in der Energieökonomie mehrere Effekte bezeichnet, die dazu führen, dass das Einsparpotenzial von Effizienzsteigerungen nicht oder nur teilweise verwirklicht wird. Die Effizienzsteigerung sorgt dafür, dass der Verbraucher weniger Ausgaben hat und deshalb weitere Produkte erwerben kann. Führt die Effizienzsteigerung gar zu erhöhtem Verbrauch (das heißt zu einem Rebound-Effekt von über 100 Prozent), spricht man von Backfire (Wikipedia).

Rohrschwingel
Hitzeresistenteres Gras; siehe Sortenblatt BELFINE Rohrschwingel Festuca arundinacea Schreber : Version: 07.06.2012.
Hrsg. Forschungsanstalt Agroscope Reckenholz-Tänikon ART, Zürich. 2012, 1 S.

Synthtische Treibstoffe
Entstehen durch chemische Prozesse, z. B. aus Ester und Fettsäuren (siehe europäische Umweltagentur).

Treibhausgase: Kohlendioxid (CO2), Methan (CH4), Lachgas (N2O), Stickoxid (NOx), Fluor-Chlor-Kohlenstoff-Wasserstoff (FCKW), Wasserdampf.
(Klimawandel im Kanton Zürich; Drawdown s. unten).

Üeberhitzungsstunden
Stunden, in denen die Temperatur in Innenräumen über 26.5 Grad ansteigt. Aktuell wird mit 200 Stunden gerechnet. Prognosen für den Zeitraum von 2045 bis 2074 rechnen mit 900 Stunden (Studie Clima-Bau, der Hochschule Luzern)

U-Faktor / Wärmestrahlen
Der U-Faktor ist eine Effizienz-Kennziffer für den Durchlass von Wärmstrahlen eines Fensterglases (s. unten Drawdown, S. 96).

Umweltbewertungspunkte (UBP)
Die ganzheitliche Betrachtung der Umweltbelastung mittels der Methodik der Umweltbelastungspunkte gibt ein aussagekräftigeres Bild ab als ein ausschliesslicher Fokus auf die Treibhausgasemissionen. So zeigt sich beispielsweise, dass die Photovoltaik bei Betrachtung der Emissionen in CO2-Äquivalenten nicht gut abschneidet und unter den untersuchten Stromerzeugungstechnologien mit 100 g CO2-Äquivalent pro kWh erst an fünfter Stelle auftritt. Im Vergleich dazu schneidet die Atomstromproduktion mit 22.22 g CO2-Äquivalent pro kWh besser ab als die Photovoltaik. Eine Betrachtung mittels Umweltbelastungspunkten relativiert diesen Befund. Dabei wird wiederum der gesamte Lebenszyklus betrachtet, das heisst die Herstellung von Polysilizium, Siliziumwafern und Anlagen sowie die

Installation und das vollständige Recycling der Photovoltaikanlage. Zusätzlich zu den Treibhausgasemissionen werden unter anderem jedoch auch der anfallende radioaktive Abfall, Feinstaub, Landnutzung, kumulativer Energiebedarf (erneuerbar und nicht-erneuerbar), abiotische Ressourcenverknappung oder ionisierende Strahlung berücksichtigt. So weist Atomstrom eine Umweltbelastung von 465.93 UBP pro kWh auf, während diese bei der Photovoltaik bei 179.26 liegt.Wichtig bei umweltbezogenen Überlegungen ist zudem, in welche Richtung sich eine Technologie zukünftig bewegt. Die CO2-Belastung bei Photovoltaik-Modulen ist vornehmlich deswegen ausgeprägt, weil der zur Herstellung benutzte Strommix grösstenteils fossil ist. Je sauberer jedoch der Strommix wird, desto geringer werden die Treibhausgas-Emissionen von Photovoltaikstrom. Zweitens nimmt der Wirkungsgrad von Photovoltaik-Modulen ständig zu. Daher ist bei der Photovoltaik mit sinkenden Treibhausgasemissionen und einer steigenden Umweltverträglichkeit zu rechnen. Frischknecht et al. (2015) schätzen, dass die Treibhausgasemissionen von Photovoltaikstrom bis in den Jahren 2030 bis 2050 um 69% abnehmen wird (aus unten erwähnter SES-Studie). Weltweit benötigen die Heizungen und Kühlungen aller Gebäude 13'000 Terawattsunden (s.a. unten Drawdown, S. 95)

Watt:
Das Watt ist die im internationalen Einheitensystem (SI) verwendete Maßeinheit für die Leistung (Energieumsatz pro Zeitspanne) (aus: Wikipedia)

Kilowattstunde (kWh):
Dies ist eine Einheit für die Energiemenge. Kilo-Watt-Stunde (kWh) bedeutet "1000 Watt während einer Stunde". Dies entspricht zum Beispiel der elektrischen Energie, die zehn angeknipste Glühbirnen à 100 W während einer Stunde verbrauchen. Oder zwanzig LED-Lampen à 10 W, die genauso viel Licht produzieren – aber während 5 Stunden (aus: Energie-Umwelt.ch).

Schweizweiter Verbrauch an Strom (2018): 57.6 Terawattstunden; die inländische Netto-Stromproduktion belief sich auf 63,5 Terawattstunden (NZZ, 2.8.2019)

Kilo-Wattstunde:
1'000 Watt während einer Stunde (1'000 Wattstunden; 10^3)
Mega-Wattstunde:
1'000 Kilo-Wattstunden (1'000'000 Wattstunden; 10^6)
Giga-Wattstunde:
1'000 Mega-Wattstunden (1'000'000'000 Wattstunden; 10^9)
Tera-Wattstunde:
1'000 Giga-Wattstunden (1'000'000'000'000 Wattstunden; 10^{12})

Das AKW Gösgen verfügt über eine Leistung von 1060 MW und hat im Jahr 2014 8'022 GWh Strom geliefert (aus: Wikipedia)

In der Schweiz installierte Photovoltaik-Leistung Ende 2018: 2173 MW auf einer Fläche von ca. 13'000'000 m2. Die jährliche Stromerzeugung der Photovoltaikanlagen betrug per Ende 2018 1945 Gigawattstunden (GWh). Dies enspricht ca. dem Verbrauch von 500'000 Haushalten à 4000 kWh (aus: Swissolar).

Verkehrs-Maut
Seit 1. Januar 2001 wird in der Schweiz die Leistungsabhängige Schwerverkehrsabgabe (LSVA), eine Maut für Lastwagen, erhoben. Sie ist abhängig vom Gesamtgewicht des Motorfahrzeuges und dessen Anhänger, dessen Emissionsstufe beim Schadstoffausstoss sowie den gefahrenen Kilometern. Dabei werden gemäss Verursacherprinzip die sogenannten «externen Kosten» des Güterschwerverkehrs gedeckt. 70 Prozent der LSVA-Einnahmen stammen von Lastwagen aus der Schweiz. Die Maximalhöhe der LSVA wurde im Landverkehrsabkommen zwischen der Schweiz und der EU rechtlich verankert. (Bundesamt für Verkehr; Schweizer Verkehrspolitik von A bis Z; 24.05.2016).

Literatur

Baudirektion Kanton Zürich; Klimawandel im Kanton Zürich; Massnahmenplan Verminderung der Treibhausgase; 2018

Geothermie Schweiz; Bald 20 Geothermie-Projekte im Kanton Waadt?; 03.07.2019

Hawken Paul (Hg); Drawdown - The most comprehensive plan ever proposed to reverse global warming; Penguin Books; 2017

Proceedings of the European Conference "Biodiversity and Health in the Face of Climate Change – Challenges, Opportunities and Evidence Gaps"; Melissa Marselle, Jutta Stadler, Horst Korn and Aletta Bonn (Eds.); BfN-Skripten 509; 2018

NZZ am Sonntag; Mehr Schatten, bitte!; Anja Burri; 28.7.2019

NZZ am Sonntag; Energiespeicher als Boomphase; Jürg Meier; 28.7.2019

NZZ; Der Ostsee-Dorsch steht kurz vor dem Kollaps; ruh; 30.7.2019

NZZ; China steht beim CO2-Ausstoss vor der Wende; Sven Titz; 2.8.2019

NZZ; Vier Millionen Bäume gengen den Klimawandel; Fabian Urech; 2.8.2019

NZZ; Abholzungswelle in Amazonien; Thomas Milz; 7.8.2019

NZZ; Die Kraft des Gotthard-Windes nutzen; Peter Jankovsky; 2.8.2019

NZZ; Waldbrände in Amazonien – Der Wasten ist gefordert; Werner J. Marti; 24.8.2019

Republik; Schweizer Jugend forscht; Elia Blülle, 09.08.2019

Republik; Wie die Ozeane unsere Erde kühlen; Arian Bastani; 23.09.2019

SES-Studie «Strommix 2018»; Umweltbelastung aus der Stromproduktion der vier grössten Schweizer Stromversorger 2018; Kurzstudie; Simon Banholzer, Tonja Iten

SonntagsZeitung; Korruption und Kahlschlag; Florian Hassel; 15.9.2019

Studie des World Glacier Monitoring Service

Tages-Anzeiger; Dieser Klimawndel schlägt alles; Martin Läubli; 25.7.2019

Tages-Anzeiger; Teuer erkauftes Naturspektakel; Gregor Poletti/Stefan Häne; 26.7.2019

Tages-Anzeiger; Diese Lehren zieht der Kanton Zürich aus dem Hitzesommer; Sarah Fluck; 30.7.2019

Tages-Anzeiger; Grosses Potential, grosses Risiko; Joachim Laukenmann; 31.7.2019

Tages-Anzeiger; Diese Lehren zieht der Kanton Zürich aus dem Hitzesommer; Sarah Fluck; 30.7.2019

Tages-Anzeiger; Es regnet im Bauch des Gletschers; Till Hein; 2.8.2019

Tages-Anzeiger; Warum Flugscham sinnvoll ist; Daniel Hell; 2.8.2019

Tages-Anzeiger; Wer trägt die Schuld am Klimawandel?; Kathrin von Allmen; 5.8.2019

Tages-Anzeiger; Basisdemokratie als oberstes Gebot; Martin Läubli; 6.8.2019

Tages-Anzeiger; Es braucht eine neue Landwirtschaft; Martin Läubli; 9.8.2019

Tages-Anzeiger; Das Matterhorn taut langsam auf; Dominik Osswald; 13.8.2019

Tages-Anzeiger; Aufräumen soll, wer es vermag; Ivo Wallimann-Heimer; 16.8.2019

Tages-Anzeiger; Ständeräte gebden neuen Klimakurs vor; Fabian Fellmann; 17.8.2019

Think Tank Avenir Suisse; Eine Agrarpolitik mit Zukunft; Patrick Dümmler/Noémie Roten; 2018

Zürcher Unterländer; Klimajugend uneins über Aufruf zu Systemwechsel; Beni Gafner; 30.7.2019

Zürcher Unterländer; Die Klimalandwirschaft kommt; Sharon Saameli; 13.8.2019

Der Autor

Richard Bisig ist Betriebswirtschafter mit Promotion. Er war in einem Bezirksspital tätig als Spitalverwalter/Verwaltungsdirektor und als Finanzchef in einer kantonalen Gesundheitsdirektion. Nach einer Tätigkeit als Seniorberater bei Ernst & Young machte er sich als Unternehmensberater selbständig und übernahm mehrere interimistische Aufgaben wie beispielsweise als Klinikmanager, Departementsmanager und als Direktor Dienste in einem Universitätsspital. Im Weiteren übernahm er als Spitaldirektor in mehreren Spitälern die operative Leitung. Neben diesen operativen Leitungsaufgaben war er auch auf strategischer Spitalleitungsebene als Verwaltungsrats- und Spitalratspräsident engagiert. Im Privatbereich übernahm er als Verwaltungsratspräsident in einer familieneigenen KMU-Firma und einer Härterei in der metallverarbeitenden Industrie strategische Führungsaufgaben. Im Weiteren war er Dozent an einer Fachhochschule.

Politisch war er aktiv als Mitinitiant zur Gründung der Grünen Partei des Kantons Zürich im Jahre 1978 und als Kantonsrat von 1983 bis 1991. Daneben war er während rund fünf Jahren in seinem Wohnort Gemeinderat (Exekutive).

Dankeswort

Tina Regula Walpen-Meyer danke ich für die Möglichkeit der Verwendung ihrer originellen Karrikaturen. An dieser Stelle sei auch allen Firmen, Institutionen und Foto-Autorinnen und -Autoren gedankt, die mir ihre Bilder zur Verfügung stellten; sie sind unterhalb ihrer Bilder namentlich erwähnt.

Dielsdorf, im September 2019 Richard Bisig

Vom gleichen Autor:

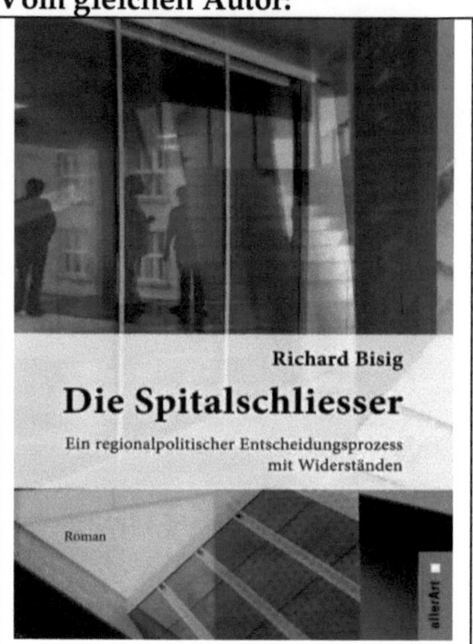

Richard Bisig: Die Spitalschliesser
Ein regionalpolitischer Entscheidungsprozess mit Widerständen
- Roman

Richard Bisig erzählt in diesem Roman die Geschichte eines Regionalspitals im Spannungsfeld von Zahlen und Planungen, Interessen und Emotionen, Tradition und Aufbruch.

174 Seiten – broschiert - Fr. 29.90

2018 allerArt im Versus-Verlag AG, Zürich

ISBN 978-3-909066-15-5

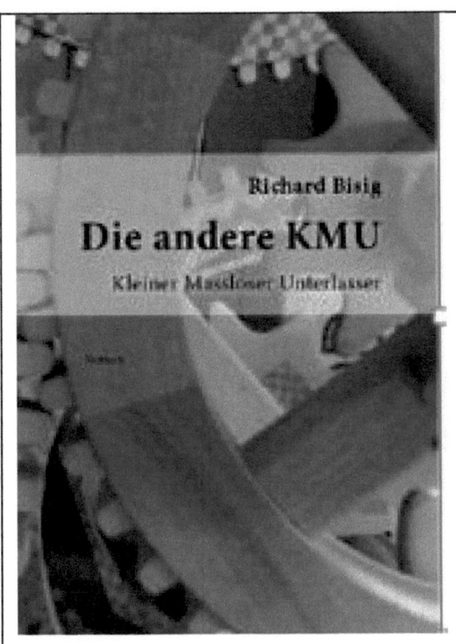 	**Richard Bisig: Die andere KMU** Kleiner Massloser Unterlasser - Roman Richard Bisig erzählt in diesem Roman die Lebensgeschichte zweier Brüder, die gemeinsam eine Firmengruppe aufbauen. Was sich in ihrem Familienunternehmen abspielt, kann beispielhaft für die Situation in kleinen und mittlerern Unternehmen (KMU) stehen und zeigt allen KMU-Eignern und weiteren Interessierten eine grosse Palette von Spannungsfeldern auf. 128 Seiten - broschiert - Fr. 22.- 2017 allerArt im Versus-Verlag AG, Zürich